Matthieu Conjat

Développement d'un prototype d'imageur de pollution

Matthieu Conjat

Développement d'un prototype d'imageur de pollution

Le DIPP

Presses Académiques Francophones

Impressum / Mentions légales

Bibliografische Information der Deutschen Nationalbibliothek: Die Deutsche Nationalbibliothek verzeichnet diese Publikation in der Deutschen Nationalbibliografie; detaillierte bibliografische Daten sind im Internet über http://dnb.d-nb.de abrufbar.

Information bibliographique publiée par la Deutsche Nationalbibliothek: La Deutsche Nationalbibliothek inscrit cette publication à la Deutsche Nationalbibliografie; des données bibliographiques détaillées sont disponibles sur internet à l'adresse http://dnb.d-nb.de.

Coverbild / Photo de couverture: www.ingimage.com

Verlag / Editeur:
Presses Académiques Francophones
ist ein Imprint der / est une marque déposée de
OmniScriptum GmbH & Co. KG
Heinrich-Böcking-Str. 6-8, 66121 Saarbrücken, Deutschland / Allemagne
Email: info@presses-academiques.com

Herstellung: siehe letzte Seite /
Impression: voir la dernière page
ISBN: 978-3-8381-4779-6

Zugl. / Agréé par: Nice, Université de Nice-Sophia-Antipolis, 2008

REMERCIEMENTS

Que serait un manuscrit de thèse sans le chapitre Remerciements, qui est sans doute l'un des plus lus, en tous cas l'un des plus simples à comprendre... Alors tâchons de nous appliquer.

Je veux remercier tout d'abord Jean Gay, qui m'a confié la lourde tâche de développer le DIPP. J'ai pu apprécier ses talents d'expérimentateur lors des réglages du banc d'optique, ainsi que ses connaissances en Mathcad qui m'ont bien été utiles durant ce travail.

Je remercie aussi tous les 'cobureaux' qui m'ont côtoyé durant ces quelques années, citons enter autres Charline, Barbara et Stéphane.

C'est aussi avec une émotion non dissimulée que je remercie chaleureusement toute l'équipe du Restaurant, sans qui mes journées à l'Observatoire auraient eu une tout autre saveur. Karima, Norah, Nadia, Michel, vous allez tous me manquer, continuez à mettre cette ambiance. Quant au Chef, Khaled (je devrais mettre tout ton nom en majuscule !), cette page seule ne suffirait pas à énumérer tous les plats que tu nous cuisinais et qui nous faisaient traverser tout l'Observatoire pour parvenir jusqu'au restaurant…

Je remercie également mes parents, qui ont m'ont soutenu jusqu'au bout dans ce projet. Un grand merci également à Cédric Jacob, pour tous ses conseils et ses encouragements. Merci aussi à Stéphanie Godier pour sa relecture attentive et rigoureuse de mon manuscrit.

Merci aussi à tous les autres.

Table des matières

1 Chapitre 1) Généralités sur la pollution

1.1 Introduction

Suite à l'industrialisation massive de ces deux derniers siècles, accompagnée d'une explosion démographique sans précédent, l'homme commence à percevoir l'impact de ses activités sur son environnement, et en particulier sur l'atmosphère, tant au niveau planétaire qu'au niveau régional.

Au niveau planétaire, des bouleversements sont à craindre du fait des rejets massifs de gaz à effet de serre (gaz carbonique CO_2, méthane CH_4, protoxyde d'azote N_2O) et de chlorofluorocarbones CFC. Le Groupe Intergouvernemental d'Expert sur l'évolution du Climat (GIEC) prévoit une augmentation importante de la température moyenne de surface, due à l'augmentation de l'effet de serre, et qui ne serait pas sans conséquences sur les équilibres climatiques planétaires (réchauffement des pôles, fonte des glaces, renversement du Gulf Stream, sécheresse accentuée en diverses régions de la planète...). Les chlorofluorocarbones, utilisés dans les bombes aérosols ou les circuits de refroidissement, sont quant à eux une menace pour notre santé, car ils détruisent l'ozone stratosphérique, seul capable de filtrer les rayons ultraviolets nocifs pour les organismes vivants.

Au niveau régional, les conséquences de nos activités sont beaucoup plus visibles : les pluies acides et les phénomènes de smog urbain ont, dès la fin des années soixante et le début des années soixante-dix, mobilisé les opinions publiques de nos pays. Les pluies acides, à l'origine de la destruction de vastes surfaces boisées en Europe du nord et de l'est, sont ainsi essentiellement dues à la combustion des fuels et du charbon, dont les produits de combustion, oxydes d'azote et de soufre, évoluent pour produire les acides sulfuriques et nitriques qui se déposent lors des précipitations. Les smogs, nuages de polluants, ont été observés tout au début dans des villes comme Londres, Mexico ou Los Angeles, et leur étude a permis de mieux comprendre les réactions aboutissant à la création de substances oxydantes (ozone, aldéhydes, péroxynitrates, eau oxygénée, acide nitrique...) à partir des rejets automobiles et industriels.

La volonté légitime de développement des pays en voie d'industrialisation s'accompagne rarement d'un souci de protection de l'environnement et des hommes, souvent par manque de moyens techniques et financiers, et surtout par manque de volonté politique. En novembre 2005, une nappe de 100 tonnes de benzène, produit hautement toxique, s'échappait d'une usine de produits chimiques de la région de Jilin, suite à une explosion. La pollution des cours d'eau a ainsi menacé près de 300 millions de personnes, jusqu'à l'embouchure du fleuve Amour en Russie.

Au cours des dernières décennies, beaucoup de pays ont connu une croissance démographique importante et se sont fortement urbanisés, souvent de manière anarchique. Leur situation est donc aujourd'hui souvent dramatique car les pollutions sont très importantes et les infrastructures de traitement des eaux usées sont le plus souvent inexistantes.

Dans les pays industrialisés, on a également mis du temps à prendre conscience qu'il fallait légiférer afin de contrôler la qualité de l'air et de l'environnement. Le 4 décembre 1952, un anticyclone s'est installé pendant 5 jours au dessus de Londres, permettant au vent de tomber. L'air devint humide, et un épais brouillard commença à se former. Le « Great London Smog » causa la mort de plus de 4000 personnes. Le niveau de dioxyde de soufre était 7 fois supérieur à la normale, le niveaux de fumée de charbon 3 fois supérieur [21].

C'est seulement 4 ans plus tard que le gouvernement britannique adopta sa loi « Clean Air Act » permettant de contrôler les sources et les niveaux de pollution. En 1995, toujours à Londres, un autre épisode de smog, essentiellement composé de NO_2, a généré une augmentation de 10% de la mortalité.

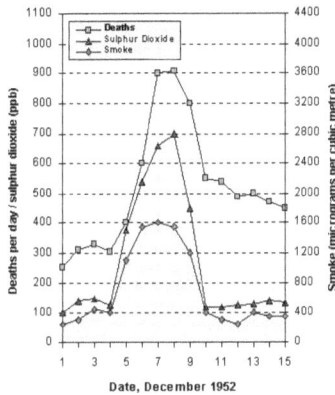

Figure 1.1. Nombre de décès lors du « Great London Smog » de 1952.

En France, malgré une baisse régulière, les activités humaines (industries, transport, agriculture, activités domestiques …) émettent chaque année environ 9 millions de tonnes de polluants. La surveillance de ces polluants a été instituée par décret, et divers organismes sont chargés de la mettre en œuvre, selon des procédés que nous allons évoquer plus loin.

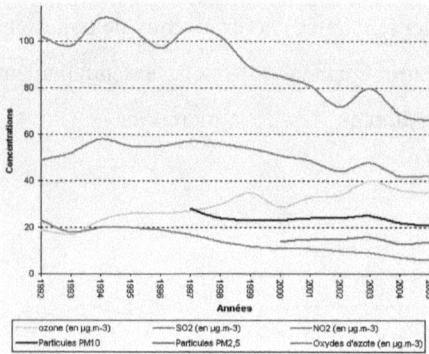

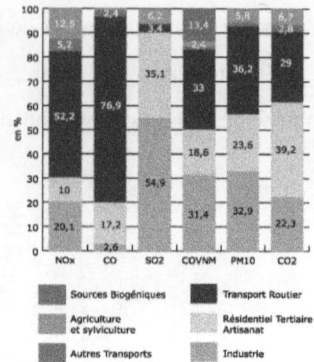

Figure 1.2a. Evolution de la concentration des polluants sur l'agglomération parisienne de 1992 à 2005, échantillon constant de stations urbaines et périurbaines (Source Airparif)

Figure 1.2b. Contribution en % des différents secteurs d'activités aux émissions de polluants en Ile-de-France (estimations pour l'année 2000 - Source Airparif) – NOx=Oxydes d'azote, COVNM=composés organiques volatils non méthaniques

La figure 1.2a montre que la concentration moyenne de dioxyde d'azote NO_2 est environ 50 $\mu g/m^3$. Ces mesures sont des moyennes réalisées par des stations urbaines et périurbaines, c'est pourquoi la concentration en pleine ville est souvent supérieure à cette valeur. Le secteur du transport est prépondérant dans l'émission d'oxydes d'azote, de monoxyde de carbone et de particules primaires (PM10 = particules de taille inférieure à 10 μm). Le plomb, non représenté sur ces figures, est le seul polluant à avoir fortement diminué depuis les années 1990, grâce à l'introduction des pots catalytiques. En revanche, la forte augmentation du trafic routier génère une hausse de tous les autres polluants principaux.

Face à ces énormes dangers pour l'environnement et la santé publique, la plupart des pays concernés ont pris des mesures importantes. Ainsi depuis le 1er janvier 1996, la production et la commercialisation de CFC ont été interdites en France comme dans la plupart des pays industrialisés. Des objectifs de limitation de rejet de gaz à effet de serre ont été établis : La France doit limiter depuis l'an 2000 ses rejets atmosphériques à 2 tonnes de carbone par an et par habitant. Les pays membres de l'Union Européenne ont désormais l'obligation d'effectuer une surveillance continue de la qualité de leur air ainsi que d'informer convenablement les habitants sur les niveaux de pollution auxquels ils sont exposés.

En 2004, un rapport sur l'impact sanitaire de la pollution atmosphérique urbaine émis par l'Agence Française de Sécurité Sanitaire Environnementale (AFSSE) a évalué entre 6500 et 9500 le nombre de morts liées à la pollution atmosphérique urbaine en France. Dans la population âgée de plus de 30 ans, la pollution par les particules fines (de taille inférieure à 2.5 µm) est responsable d'environ un millier de cancers du poumon [refAFSSE]

1.2 Les différents polluants

1.2.1 Les particules en suspension

De nombreuses particules en suspension ont une origine naturelle (feux de forêts, pollens, champignons, éruptions volcaniques). Ces particules constituent un ensemble extrêmement complexe, et présentent des tailles très diverses, de 0,005 à 100 µm, ou des compositions très hétérogènes. Leur petite taille leur permet de subsister dans l'atmosphère jusqu'à plusieurs jours, contrairement aux grosses particules, qui se déposent rapidement sous l'effet de leur propre poids.

L'activité humaine est aussi responsable de la présence de ces particules, émises notamment lors de la combustion des énergies fossiles.

Leur rôle est établi dans l'affection des voies respiratoires (asthme, bronchite…) et dans les accidents cardio-vasculaires.

Les particules les plus fines, de taille inférieure à 2 µm, sont les plus dangereuses, car elles ne sont pas filtrées par les cils des voies respiratoires, et peuvent être transmises dans le système sanguin.

Les hydrocarbures imbrûlés H_xC_y et les suies sont réputés cancérigènes.

Malgré l'augmentation du transport routier (et du nombre de véhicules diesel), la quantité de particules en suspension tend à diminuer depuis quelques années en France, grâce entre autres à l'abandon progressif des centrales thermiques au profit des centrales nucléaires. Dans les pays émergents en voie d'industrialisation, la situation est en revanche bien plus préoccupante.

1.2.2 L'ozone

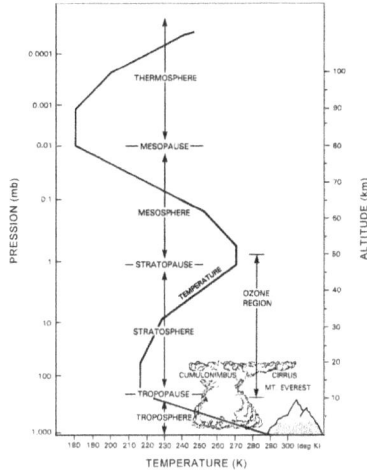

Figure 1.3. Structure de l'atmosphère terrestre: évolution de la température en fonction de l'altitude et de la pression et répartition de l'ozone.

Il convient de distinguer deux couches atmosphériques contenant de l'ozone : la stratosphère et la troposphère (Cette distribution est détaillée dans la figure 3.18).

L'ozone présent à l'état naturel dans la stratosphère, entre 10 et 50 km d'altitude, et qui constitue ce qu'on appelle communément la couche d'ozone, joue le rôle d'un filtre protecteur, absorbant une partie du rayonnement ultraviolet du Soleil, nocif en grandes quantités pour la survie des espèces, et permettant ainsi de réguler la température dans la haute atmosphère.

L'ozone troposphérique est un polluant secondaire, qui n'est pas directement rejeté dans l'atmosphère, mais qui se forme par photodissociation d'éléments

11

tels que les oxydes d'azote (NO_x) et les Composés Organiques Volatiles (COV) [1].

$$NO_2 + h\nu \rightarrow NO + O$$

$$O + O_2 \rightarrow O_3$$

Les hydrocarbures jouent également un rôle important dans la formation de l'ozone, car leur décomposition par le radical OH permet la régénération du NO en NO_2.

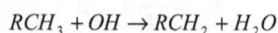

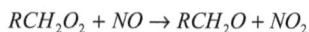

$$RCH_3 + OH \rightarrow RCH_2 + H_2O$$

$$RCH_2 + O_2 \rightarrow RCH_2O_2$$

$$RCH_2O_2 + NO \rightarrow RCH_2O + NO_2$$

Ces réactions sont d'autant plus importantes que le rayonnement solaire ultraviolet est intense, c'est pourquoi on observe surtout les pics de pollution à l'ozone en été lorsque l'ensoleillement est important et que le vent ne parvient pas à chasser la pollution automobile ou industrielle.

Cependant, la simple réaction $(COV) + (NO_x) + UV \rightarrow O_3$ ne suffit pas à expliquer à elle seule la formation de l'ozone troposphérique, car de nombreuses autres réactions chimiques interviennent (voir figure 1.4). Une partie de l'ozone stratosphérique peut également être transportée à travers la tropopause.

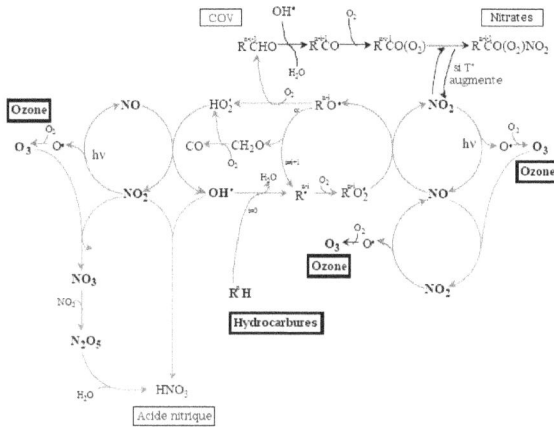

Figure 1.4. Formation chimique de l'ozone troposphérique [31]. Les composés les plus importants en quantité sont en gras.

Les effets sur l'organisme se font ressentir là aussi au niveau des voies respiratoires, car l'ozone est capable de pénétrer profondément dans les poumons, provoquant souvent une irritation des bronches, ainsi que du nez et de la gorge.

1.2.3 Les oxydes d'azotes (NO$_x$)

Origine

Le NO$_2$ et le NO sont produits essentiellement par les véhicules et les installations de chauffage (figure 1.5).

L'oxyde nitrique (NO) est un gaz incolore produit lors de la combustion du carburant dans les moteurs à explosion, et son émission augmente lors des régimes élevés, lorsque la température est de l'ordre de 2200 °C. Au début des années 90, le transport routier représentait 40% de la production de NO_x. Actuellement, il en représente plus de 50% (figure 1.2b).

Les installations de chauffage produisent également de grandes quantités de NO_x.

Les normes applicables aux véhicules neufs en 2005 étaient les suivantes:

Diesel	$NO_x \leq 0,25$ g/km $NO_x + HC \leq 0,3$ g/km
Essence	$NO_x \leq 0,08$ g/km $HC \leq 0,1$ g/km

(HC=hydrocarbures)

De nouvelles normes, plus restrictives, vont entrer en vigueur d'ici 2010.

Dans le secteur du transport aérien, les moteurs d'avion émettent de grandes quantités de polluants, tels que les oxydes d'azote (NO_x), le monoxyde de carbone (CO), des hydrocarbures (HC) (ou composés organiques volatiles : COV), du dioxyde de soufre (SO_2) et des particules solides (suies). Ils émettent aussi du dioxyde de carbone (CO_2) et de la vapeur d'eau. Environ 75 % des émissions se produisent à la vitesse de croisière dans la troposphère et la basse stratosphère (10 -12 km).

Effets sur la santé

Le NO_2 provoque des altérations respiratoires et des affections des bronches, surtout chez l'enfant et l'asthmatique.

Les oxydes d'azote NO_x interviennent dans la formation de l'ozone et sont à l'origine des pluies acides. Ils se transforment sous l'influence des rayons ultraviolets en Ozone O_3, lorsque l'atmosphère est stagnante et l'ensoleillement intense. Quand des phénomènes d'inversion de températures ou de brouillard surviennent, les zones affectées sont beaucoup plus étendues (voir figure 1.5)

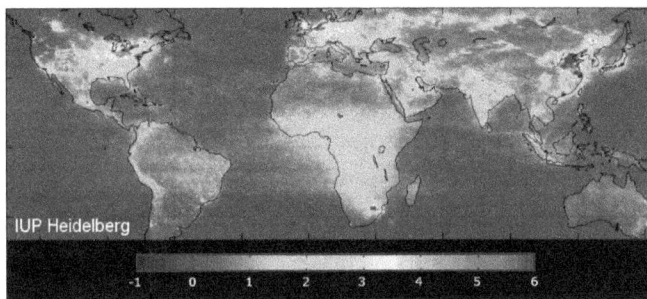

Figure 1.5. Carte de la pollution mondiale en NO_2 en 2003-2004, d'après une surveillance de 18 mois du satellite Envisat. L'échelle est 10^{15} molécules.cm^{-2} [6].

1.2.4 Le dioxyde de soufre (SO₂)

Le dioxyde de soufre (SO_2) est un gaz incolore qui dégage une odeur semblable à celle d'allumettes consumées. Combiné à l'oxygène, il se transforme en anhydride sulfurique qui, conjugué à l'eau atmosphérique, forme un brouillard d'acide sulfurique. Le processus d'oxydation entraîne aussi la formation d'un aérosol d'acide sulfurique. Le dioxyde de soufre est le précurseur des sulfates, principales composantes des particules en suspension respirables dans l'atmosphère.

Une longue exposition au SO_2 peut produire des troubles et des maladies des voies respiratoires, ainsi qu'une aggravation des problèmes vasculaires et cardiovasculaires.

Le SO_2 est avec le NO_2 l'un des constituants majeurs des pluies acides.

On le trouve en faible quantité dans les Alpes-Maritimes en raison de la faible proportion d'industries. Il y est supplanté par le NO_2, principalement généré par la circulation automobile.

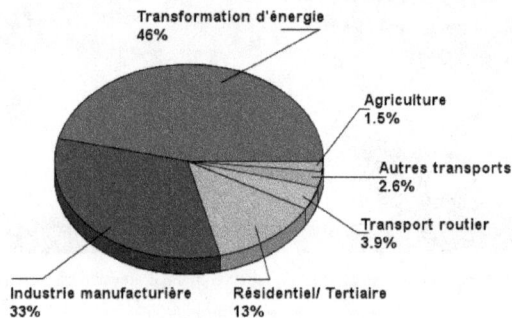

Figure 1.6. Emissions de SO_2 en France en 2002 [10]

Le graphique ci-dessus (figure 1.6) nous montre que le SO_2 est produit en majeure partie par le secteur industriel. On le trouve également dans les gaz émis lors d'éruptions volcaniques. Les industries sont donc fortement concernées par les moyens de surveiller et de mesurer leurs propres émissions de SO_2. Malheureusement, les moyens de détection dont on dispose sont peu efficaces, car le SO_2 absorbe principalement dans l'ultraviolet, ce qui pose problème quant au peu de flux lumineux reçu, à cause de la transparence du verre à ces longueurs d'onde, de la sensibilité nécessaire et des détecteurs coûteux.

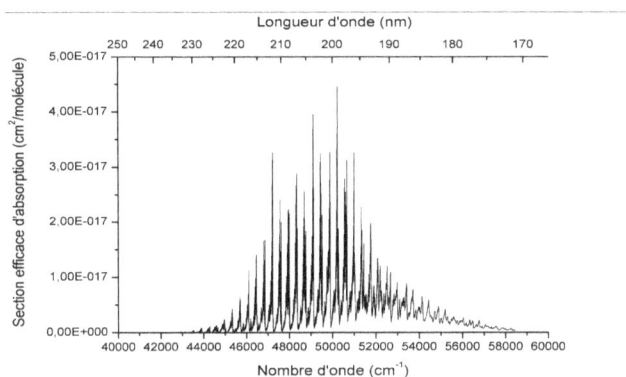

Figure 1.7. Spectre du SO_2

La figure 1.7 représente une partie du spectre UV du SO_2. La régularité de l'espacement des raies pourrait nous être utile pour la détection par le DIPP, même si ce domaine spectral pose de sérieux problèmes de flux lumineux (voir Annexe C).

1.3 La pollution atmosphérique naturelle

La présence de composés polluants est parfois due à des causes naturelles, responsables de la formation de nombreuses particules en suspension. Les molécules relativement simples (les molécules triatomiques par exemple) ont également une origine qui peut être naturelle. La présence de dioxyde de soufre dans l'atmosphère peut provenir de feux de forêts, d'émissions volcaniques, ou de décomposition organique.

En 1983, le Programme Environnement des Nations Unies a estimé cette contribution naturelle de SO_2 entre 80 et 290 millions de tonnes par an, comparées aux 79 millions de tonnes issues de l'activité humaine dans le monde.

17

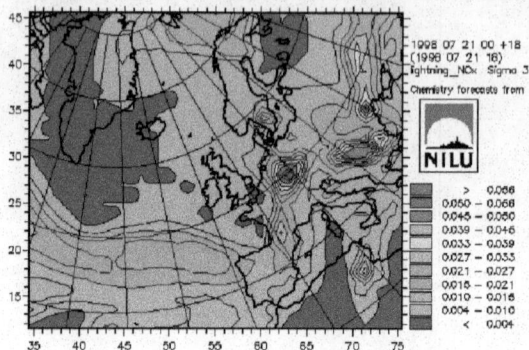

Figure 1.8. Formation de NO_x à 7500 m d'altitude lors d'orages (prévisions basées sur un modèle de transport)

Les volcans et les océans sont également des sources d'émission de NO_x (entre 20 et 90 millions de tonnes par an, à comparer aux 22 millions de tonnes issues de l'activité industrielle). La foudre est également un producteur non négligeable de NO_x, en fonction de l'altitude et de la longueur des éclairs (voir figure 1.8, représentant une simulation de la formation de NO_x à la suite d'orages) [9].

L'énergie libérée lors d'un éclair parvient à dissocier les molécules O_2 et N_2, qui se recombinent ainsi sous forme de monoxyde d'azote NO, qui peut alors réagir avec l'ozone pour former du NO_2. Des études ont établi qu'un éclair pouvait produire de 1 à 7.10^{26} molécules de NO_2. [18][18b]

Elément	Masse molaire	Proportion dans l'air (%)	
		quantité	masse
N_2	28,013	78,08	75,52
O_2	31,999	20,95	23,14
H_2O	18,015	$2.10^{-4} - 3$	$1.2.10^{-4} - 2$
Ar	39,948	0,934	1,29
CO_2	44,010	$3,45.10^{-2}$	$5,24.10^{-2}$
Ne	20,183	$18,2.10^{-4}$	$12,7.10^{-4}$
He	4,003	$5,24.10^{-4}$	$0,724.10^{-4}$
CH_4	16,043	$1,72.10^{-4}$	$0,95.10^{-4}$
CO	28,010	$1,5.10^{-5}$	$1,5.10^{-5}$
SO_2	64,06	3.10^{-8}	7.10^{-8}
H_2	2,016	5.10^{-5}	$0,35.10^{-5}$
N_2O	44,012	$3,1.10^{-5}$	$4,7.10^{-5}$
O_3	47,998	$\sim5.10^{-6}$	$\sim8.10^{-6}$
NO_2	46,006	$2,3.10^{-6}$	$3,9.10^{-6}$
NO	30,006	5.10^{-4}	$5.2.10^{-4}$

Tableau 1.1. Concentration des gaz présents naturellement dans l'atmosphère (D'après Astrophysical Quantities 4th edition – Allen)

Le tableau ci-dessus donne la concentration de différents gaz présents à l'état naturel dans l'atmosphère.

La prise en compte de ces gaz est importante pour évaluer les différentes contributions, dont la part de la production industrielle. La mesure de la concentration du dioxyde d'azote à l'état naturel dans l'atmosphère est très délicate car elle varie fortement avec l'altitude, ce qui est extrêmement critique pour la détection du NO_2 dû à la pollution. Cette difficulté sera à nouveau évoquée plus tard.

Les particules en suspension sont d'avantage générées par l'activité humaine que par des sources naturelles. Il est intéressant de noter aussi que la quantité actuelle de CO_2 dans l'atmosphère est la plus faible depuis plusieurs centaines de millions d'années. [28]

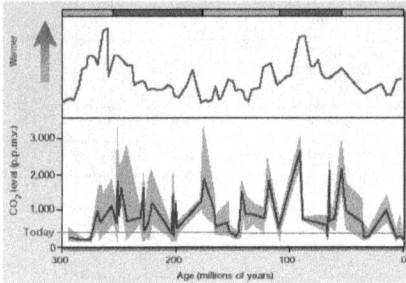

Figure 1.9a. Evolution de la concentration de CO_2 dans l'atmosphère depuis 300 millions d'années, en partie par million.
La courbe rouge est l'évolution de la température.

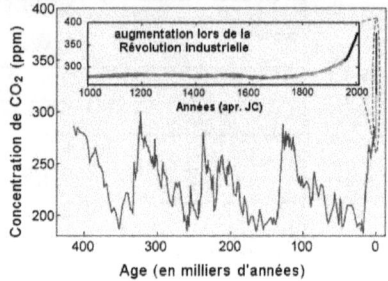

Figure 1.9b. Evolution de la concentration de CO_2 dans l'atmosphère depuis 400 000 ans.

Les figures 1.9a et 1.9b illustrent l'évolution de la concentration de CO_2 dans l'atmosphère depuis une échelle de temps géologique. En moyenne, la concentration actuelle est la plus faible depuis 300 millions d'années (figure 1.9a). La révolution industrielle du début du 19è siècle a causé une forte augmentation de CO_2, qui a atteint un niveau record depuis 400 000 ans (figure 1.9b).

1.4 Surveillance et information

La loi sur l'air

La directive n° 96/61/CE du 24 septembre 1996 du Conseil européen, relative à la prévention et à la réduction intégrées de la pollution, fixe les mesures permettant d'éviter et de réduire les émissions des activités polluantes. Cette directive permet d'étendre la surveillance à d'autres polluants, et fournit au grand public une information précise et transparente sur la qualité de l'air [11].

Plus précisément, au cours des dernières années, divers décrets de l'Union Européenne ont déterminé les seuils acceptables de concentration des émissions polluantes, notamment le décret 91-1122 du 25 Octobre 1991 portant entre autres sur les émissions d'anhydride sulfureux SO_2 et de dioxyde d'azote NO_2 [12].

La « Loi sur l'air » du 30 décembre 1996 oblige les villes de plus de 100 000 habitants à mettre en place un réseau de surveillance et de mesure de la qualité de l'air.

Les différentes réglementations sur les émissions polluantes des véhicules de transport ou des activités industrielles, sur la qualité des combustibles ou sur les activités domestiques, ont permis de réduire de manière conséquente les rejets de polluants dans l'atmosphère, tels que les composés organiques volatiles (COV), le dioxyde d'azote NO_2, le plomb ou les métaux lourds. **Depuis une vingtaine d'années, les émissions de NO_x ont baissé de 39%, et celles de SO_2 de 85% [10].**

Il existe en France 40 Associations Agréées de Surveillance de la Qualité de l'Air (AASQA), soutenues par le Ministère de l'Aménagement du Territoire et de l'Environnement, qui réalisent quotidiennement des mesures sur chaque polluant et qui diffusent un indice ATMO permettant de fournir une information synthétique sur la qualité de l'air dans diverses agglomérations (pollution urbaine de fond).

Sur la Côte d'Azur, c'est l'association Qualitair qui est chargée d'effectuer ces mesures et qui gère dans ce but un réseau de 8 détecteurs (figure 1.10). L'indice ATMO est calculé pour environ 140 communautés urbaines (dont 60 de plus de 100 000 habitants), à partir des concentrations relevées dans l'air de 4 polluants majeurs, le dioxyde d'azote NO_2, le dioxyde de soufre SO_2, l'ozone O_3 et les particules inhalables (tableau 1.2).

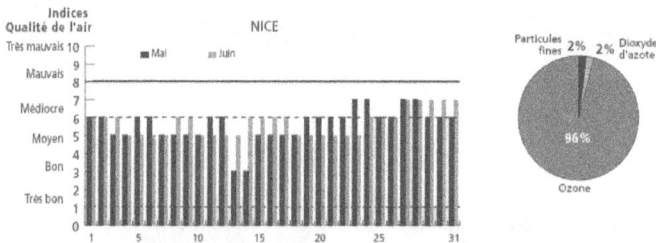

Figure 1.10. indice ATMO calculé par Qualitair dans la région niçoise en mai et juin 2006.

Villes	1994	1995	1996	1997	Nombre de capteurs
Dunkerque	154	85	125	114	1
Fos-Berre	109	83	80	83	7
Grenoble	92	94	97	86	2
Lille	-	97	97	125	5
Lyon	85	114	120	114	2
Marseille	-	-	-	109	3
Mulhouse	74	88	80	91	2
Nice[(1)]	110	102	140	121	2
Paris	143	148	131	120	22
Saint-Etienne	-	92	103	100	2
Strasbourg	97	120	-	92	5

Tableau 1.2. Moyenne annuelle de pollution par le NO_2 dans les sites d'urbanisation importante en $\mu g/m^3$.

[(1)] Les deux stations de mesures qui équipaient Nice de 1994 à 1996 ont donné des valeurs différentes entre elles, la station Pellos étant plus proche d'un couloir automobile. Les valeurs affichées sur ce tableau sont des moyennes. [16]

1.5 Les différentes méthodes de surveillance de la pollution

La qualité de l'air est évaluée à partir des concentrations d'un certain nombre de polluants qui sont mesurées à l'aide de différentes méthodes, physico-chimiques et spectrométriques, faisant appel aux méthodes suivantes :

- *Chromatographie en phase gazeuse*
- *Ionisation de flamme (FID: Flam Ionisation Detector)*
- *Méthodes spectrométriques de détection*
- *Chimiluminescence, fluorescence*
- *Absorption U.V. et I.R.*
- *Interférométrie U.V. et I.R.*

Méthodes physico-chimiques :

Absorption :

Pour mesurer une concentration en gaz, on peut utiliser ses propriétés d'absorption par une solution spécifique. Parmi les méthodes utilisées, celles portant sur les chaînes d'absorption sont basées sur la mise en présence d'un volume connu du gaz à étudier et d'un réactif au gaz que l'on cherche à détecter. Le degré de réaction du réactif indique ainsi la concentration de ce gaz.

D'autres techniques utilisent les propriétés de diffusion d'un gaz dans un liquide absorbant. Une analyse par spectrométrie est ensuite réalisée, que l'on relie au gradient de la concentration (loi de Fick). Cette technique est couramment utilisée pour la détection du NO_2 mais elle est imprécise.

Notons que ces méthodes physico-chimiques s'appliquent mal à une surveillance en temps réel de la pollution atmosphérique étant donné la durée des analyses nécessaires [34].

La chromatographie en phase gazeuse :

Cette méthode, développée dans les années 50, consiste à injecter un volume réduit d'air à analyser dans un gaz inerte (azote, hélium, etc) et à séparer les gaz sur une colonne de chromatographie sèche ou imprégnée, remplie ou capillaire. En sortie, les constituants sont détectés au moyen de détecteurs ultra-sensibles. Cette technique est utilisée notamment pour le dosage des hydrocarbures [4].

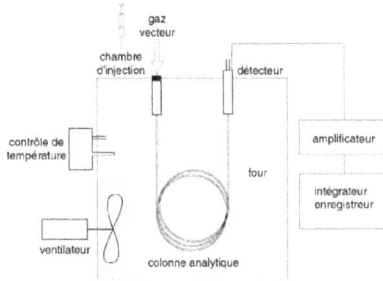

Figure 1.11. Schéma du principe de fonctionnement de la chromatographie en phase gazeuse. La chambre d'injection permet d'introduire sous forme volatile l'échantillon à analyser. La colonne contient une substance active solide ou liquide appelée *phase stationnaire*. Les différentes molécules de l'échantillon viennent se fixer sur cette colonne selon leur affinité avec la phase stationnaire.

La chimiluminescence :

La chimiluminescence est basée sur l'utilisation d'une réaction chimique entre le gaz à analyser et un autre composé, conduisant à la formation d'une espèce excitée qui retourne à l'état fondamental en émettant des photons. Cette méthode non exothermique est principalement appliquée aux oxydes d'azote NO_x. Par exemple, la réaction entre le NO_2 et l'O_3 donne du NO_2 dans un état excité, la désexcitation se fait par émission dans le domaine du visible (figure 1.12). [35]

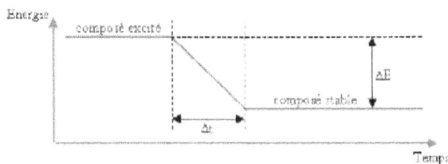

Figure 1.12. Schéma simplifié du principe de la chimiluminescence.

25

Méthodes spectrométriques de détection :

La fluorescence est un phénomène consistant en l'émission de radiations de longueurs d'ondes différentes par un corps soumis à un rayonnement monochromatique, et qui forment en général un ensemble continu s'étendant sur une partie importante du spectre. Les photons émis lors de la désexcitation de la molécule peuvent avoir une longueur d'onde identique (fluorescence de résonance) ou plus grande. Cette émission cesse dès que le corps n'est plus éclairé. L'intensité de l'émission renseigne sur la concentration du corps observé. On utilise cette méthode notamment pour la mesure du radical OH, du SO_2 et du NO. On se sert généralement d'un laser pour fournir l'éclairage monochromatique.[36]

L'Absorption différentielle (D.O.A.S. : Differential Optical Absorption Spectroscopy)

Cette méthode fonctionne dans l'ultraviolet, le visible ou le proche infrarouge, et utilise des optiques dispersives à réseaux permettant une détection simultanée de l'ensemble des spectres des différents constituants. Ces instruments sont basés sur la loi de Beer-Lambert qui requiert la connaissance des sections efficaces d'absorption des espèces que l'on cherche à doser (mesurées en laboratoire). Si l'on observe à distance une source lumineuse, l'intensité véritable que l'on détecte s'il n'y a pas d'absorption le long du chemin optique est difficile à déterminer, à cause de l'air sur le trajet. La solution est de mesurer l'absorption différentielle, définie comme la part de l'absorption totale due à l'espèce moléculaire (quantité variant rapidement avec la longueur d'onde) en contraste avec le fond (variant peu). L'intensité totale est filtrée à l'aide de différentes techniques d'analyse de manière à faire ressortir les motifs d'absorption qui varient rapidement et qui sont caractéristiques des gaz

26

recherchés. Cette technique a l'avantage de mesurer simultanément plusieurs polluants comme le dioxyde de soufre (SO2), le dioxyde d'azote (NO2) et l'Ozone (O3), mais ne permet pas de faire de l'imagerie de pollution car la source lumineuse n'est émise que dans une seule direction (celle du récepteur) [24].

Le L.I.D.A.R. (Light Detection And Ranging) :

Lorsqu'une lumière frappe un corps, celle-ci peut être diffusée suivant un spectre de diffusion (de Raman) caractéristique de la nature chimique et de l'état physique du corps. Si l'on excite un corps avec une lumière monochromatique (visible ou ultraviolet) de nombre d'onde σ, celui-ci diffuse une radiation de nombre d'onde σ, mais aussi de nombre d'onde σ +/- $\sigma1$, σ +/- $\sigma2$, … caractéristiques du corps. Si l'on change σ, les écarts σ_i restent cependant les mêmes. Dans la pratique, on utilise deux lasers pulsés possédant deux longueurs d'onde différentes, l'une très absorbée par le polluant que l'on cherche à détecter, tandis que l'autre est peu absorbée. On détermine ainsi la concentration en polluant en mesurant la différence entre les deux intensités retro-réfléchies. Si la longueur d'onde du laser varie d'une raie d'absorption du gaz à une longueur d'onde voisine, le changement dans la lumière rétrodiffusée peut-être utilisée pour évaluer le profil de concentration le long du faisceau laser (D.I.A.L. : DIfferential Aborption Lidar.).
Cette technique, très efficace quelles que soient les conditions d'environnement, est utilisée pour de multiples polluants, tout comme le DOAS. Cependant, la nécessité de posséder des sources de lumière cohérentes très puissantes ainsi que des montages complexes afin d'effectuer un balayage (imagerie de pollution), rend ce dispositif très coûteux.
Il existe plusieurs types de LIDAR (lidar à fluorescence, lidar Dial, lidar à diffusion Raman…)

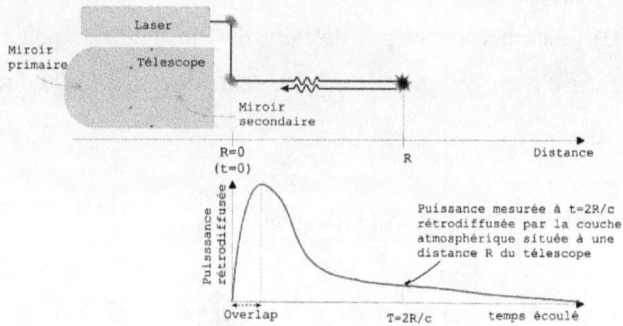

Figure 1.13. Schéma simplifié d'une mesure Lidar

Avantages et inconvénients de ces méthodes:

Les mesures évoquées précédemment ont parfois l'avantage d'être précises ou d'accéder à plusieurs polluants simultanément, mais elles sont coûteuses et ponctuelles et ne permettent pas de réaliser de l'imagerie de pollution. Nous allons voir dans le chapitre suivant qu'une méthode comme la spectrométrie de Fourier permet de réaliser de telles mesures par imagerie, à l'aide de dispositifs optiques simples.

2 Chapitre 2) Interférométrie de Fourier

2.1 Intérêt de l'interférométrie de Fourier

La méthode d'interférométrie de Fourier, développée par Fortunato dès 1978, est basée sur le fait que les molécules présentent dans leur spectre d'absorption des raies régulièrement espacées (cette méthode est ainsi également appelée « spectrométrie de Fourier ») [17].

Si l'on établit alors l'interférogramme de ces structures, obtenu à travers un interféromètre de Michelson par exemple (figure 2.1), on observe à une différence de marche caractéristique de la périodicité de ces raies, une amplitude non nulle directement proportionnelle à la quantité de molécules absorbantes, à la seule condition d'être en présence de faibles concentrations de polluants.

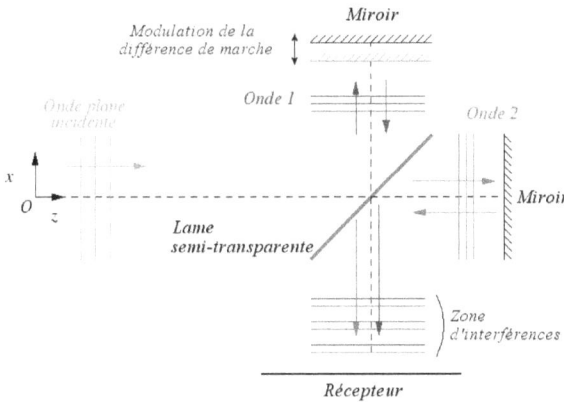

Figure 2.1. Interféromètre de Michelson

2.2 Les spectres moléculaires

Pour pouvoir détecter les différents polluants, il est nécessaire de connaître leur spectre pour calculer les facteurs de transmission des nuages de gaz polluant et estimer la différence de marche à utiliser pour détecter tel ou tel polluant.

2.2.1 Rappel théorique

Le principe de la détection spectroscopique par la méthode d'interférométrie optique repose sur le fait que les spectres d'absorption des molécules étudiées possèdent des structures régulières.

Les molécules recherchées, qui sont principalement des molécules triatomiques, possèdent des spectres d'absorption caractéristiques des transitions énergétiques liées à leurs interactions avec un rayonnement électromagnétique.

L'énergie d'une molécule peut se décomposer en trois termes :

- l'énergie de rotation, due au mouvement de la molécule autour de son centre de masse,

- l'énergie de vibration, due aux mouvements des atomes les uns par rapport aux autres,

- l'énergie électronique, due aux mouvements des électrons dans la molécule.

Ces trois types d'énergie possèdent des valeurs assez différentes auxquelles on fait correspondre des domaines spectraux distincts (figure 2.2) :

30

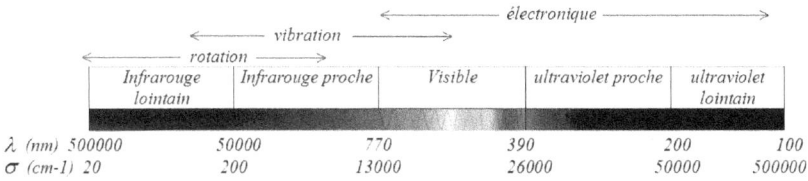

Figure 2.2. Répartition des états d'énergie d'une molécule en fonction du nombre d'onde et de la longueur d'onde.

La quantification des niveaux d'énergie d'une molécule et les règles de sélection, comme la conservation du moment cinétique du système "atome/rayonnement", déterminent les transitions énergétiques possibles. Ces transitions définissent des raies d'absorption d'intensité S à la fréquence ν_0. Ces raies d'absorption subissent un élargissement par amortissement naturel ou par des collisions et présentent en première approximation un profil lorentzien [19]:

$$\chi(\nu) = \frac{S}{\pi} \frac{\alpha}{(\nu - \nu_0)^2 + \alpha^2} \qquad (2.1)$$

où $\chi(\nu)$ représente la section efficace d'absorption, α la demi-largeur de la raie et ν la fréquence dans le référentiel de l'atome. Nous utiliserons plus tard la notation $\chi(\sigma)$, où $\sigma = \nu/c$.

2.3 La loi de Beer-Lambert

Pour relier l'amplitude de l'interférogramme à la concentration du polluant le long de la ligne de visée, il est nécessaire de déterminer une expression simple de la transmission du nuage de gaz. La section efficace d'absorption $\chi(\sigma)$ exprime la probabilité d'absorption du rayonnement par une molécule en fonction du nombre d'onde σ. Il est à noter qu'elle ne correspond pas à la surface physique de la section de la molécule, même si elle s'exprime en unité de surface. A partir de la loi de Beer-Lambert, il est alors possible de déterminer le coefficient de transmission du nuage de gaz [7].

La loi de Beer-Lambert ou Beer-Lambert-Bouguer est une relation associant l'absorption de la lumière et les propriétés du matériau traversé par la lumière. Cette loi établit que l'absorption est proportionnelle à la concentration C de molécules (en molécules.m^{-3}) absorbant la lumière dans l'échantillon :

$$dI = -\chi(\sigma)CI(\sigma)dl \qquad (2.2)$$

$\chi(\sigma)$ est la section efficace, C la concentration, I est l'intensité lumineuse, dl un élément de longueur.
En intégrant l'expression (2.2), on obtient :

$$I = I_0(\sigma)e^{-\int \chi(\sigma)Cdl} \qquad (2.3)$$

En posant $n = \int Cdl$ le nombre de molécules interceptant la lumière sur la ligne de visée et par unité de surface, et en remarquant que la section efficace $\chi(\sigma)$ ne varie pas le long du trajet optique l, l'expression devient :

$$I = I_0(\sigma)e^{-\chi(\sigma)n} \qquad (2.4)$$

Soit T_g le facteur de transmission d'un nuage de gaz moléculaire de longueur l

$$T_g(\sigma) = e^{-\chi(\sigma)n} \qquad (2.5)$$

On peut effectuer un développement limité au 1er ordre de cette expression, ce qui correspond à des faibles concentrations ($n \ll 1$). La transmission s'écrit alors :

$$T_g(\sigma) \approx 1 - \chi(\sigma)n \qquad (2.6)$$

Cette simplification nous sera utile pour extraire facilement de l'interférogramme l'information sur la concentration n.

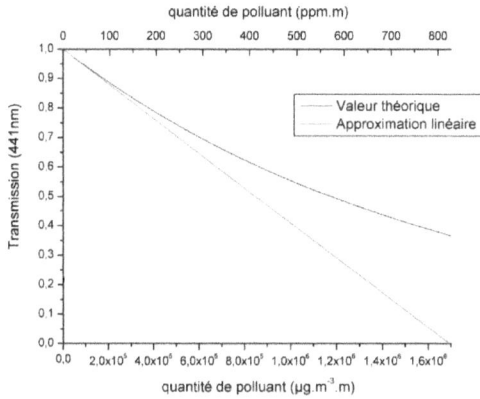

Figure 2.3. Variation de la transmission d'un nuage de gaz dans le cas du NO_2 à 441 nm. Pour de faibles concentrations, l'approximation linéaire est satisfaisante et permet d'utiliser l'approximation au 1er ordre de la loi de Beer-Lambert.

Pour des grandes quantités de polluant, l'approximation linéaire précédemment (courbe rouge) s'écarte de la valeur théorique de la transmission du nuage de gaz. Ceci ne pénalise pas nos calculs dans la mesure où la concentration de pollution reste faible.

2.4 La spectrométrie de Fourier

Nous avons vu dans le paragraphe 2.1 que la méthode de détection par interférométrie de Fourier repose sur la présence de structures régulières dans le spectre d'absorption des molécules que l'on cherche à détecter. L'interférogramme (c'est-à-dire la courbe d'intensité obtenue en sortie de l'interféromètre après recombinaison des faisceaux) présente des franges d'interférence, dont le contraste est d'autant plus élevé que les raies du spectre d'absorption sont fines et régulières.

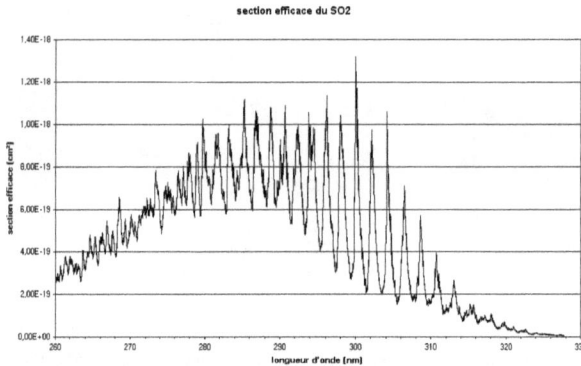

Figure 2.4. Spectre d'absorption du SO_2 autour de 300 nm [38]

La figure 2.4 représente une partie du spectre du dioxyde de soufre (SO_2), centrée autour de 300 nm (voir annexe 9). Comme de nombreuses molécules polyatomiques, le SO_2 présente des raies dont l'espacement, pris en première approximation, est régulier. L'autre avantage de ce spectre est que les raies sont également très contrastées, ce qui devrait permettre une bonne détection à l'aide d'un interféromètre. Le seuil de détection sera discuté plus loin.

34

Comme nous l'avons vu dans le paragraphe 2.1, la spectrométrie à Transformée de Fourier utilise un interféromètre de type Michelson pour faire interférer 2 ondes. C'est ce type d'interféromètre que nous utilisons comme détecteur de pollution. Son schéma simplifié est représenté sur la figure 2.5.

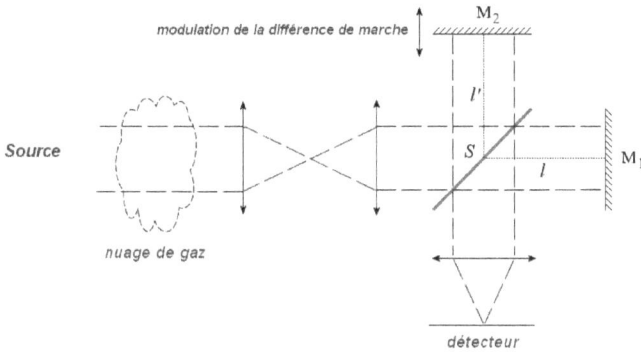

Figure 2.5. Schéma optique d'un détecteur interférométrique de pollution

Ainsi, en observant un rayonnement lumineux passant à travers ce nuage de gaz, l'interférogramme obtenu présentera, à une différence de marche donnée entre les deux chemins optiques, des structures régulières caractéristiques des molécules du nuage de gaz.

L'interféromètre possède 2 bras de longueur l et l'.
L'onde incidente a pour expression

$$\hat{a} = \hat{a}_0 e^{i\omega t} \tag{2.7}$$

où $\hat{a}_0 = a_0 e^{i\phi}$ est l'amplitude complexe, et $\omega = 2\pi c/\lambda$. Cette onde est séparée en 2 au passage de la lame séparatrice S de l'interféromètre. Ces deux ondes parcourent des trajets optiques différents et se recombinent lors du $2^{\text{ème}}$ passage sur la séparatrice. Pour une longueur d'onde donnée $\lambda = 1/\sigma$, la différence de longueur entre les 2 bras $\Delta = 2(l - l')$ introduit un décalage de phase $2\pi\Delta\sigma$ lorsque les 2 ondes se recombinent.

Soit R et T les modules des coefficients de réflexion et de transmission de la séparatrice S. Lors de la réflexion et de la transmission, l'onde est multipliée par les coefficients complexes de réflexion $\sqrt{R}e^{i\alpha}$ et de transmission $\sqrt{T}e^{i\beta}$. L'onde transmise sur le bras SM1 s'écrit donc :

$$\hat{a}_1 = \sqrt{T}\hat{a}_0 e^{i(\omega t + \beta)} \tag{2.8}$$

Cette onde est réfléchie sur le miroir, subissant un déphasage $e^{i\vartheta}$, et revient sur la séparatrice avec un retard $2l/c$. Elle est alors réfléchie vers le détecteur, en subissant un nouveau déphasage, et s'écrit alors :

$$\hat{a}_1 = \sqrt{T}\sqrt{R}\hat{a}_0 e^{i(\omega(t - 2l/c) + \beta + \vartheta + a)} \tag{2.9}$$

De la même manière, l'onde parcourant le bras SM2 s'écrit en sortie :

$$\hat{a}_2 = \sqrt{R}\sqrt{T}\hat{a}_0 e^{i(\omega(t - 2l'/c) + \alpha + \vartheta + \beta)} \tag{2.10}$$

L'intensité finale mesurée par le détecteur s'écrit donc :

$$I = \left| \hat{a}_1 + \hat{a}_2 \right|^2 \tag{2.11}$$

$$= |\hat{a}_1|^2 + |\hat{a}_2|^2 + \overline{\hat{a}}_1 \hat{a}_2 + \hat{a}_1 \overline{\hat{a}}_2$$

$$= 2RTa_0^2 + RTa_0^2 e^{i\omega\frac{(2l-2l')}{c}} + RTa_0^2 e^{i\omega\frac{(2l'-2l)}{c}}$$

$$= 2RTa_0^2 (1 + \cos(2\pi\sigma\Delta)) \tag{2.12}$$

où $\Delta = 2(l - l')$ et $\omega = 2\pi c \sigma$

Pour une source étendue spectralement, toutes les radiations s'additionnent. Notons $S(\sigma)d\sigma$ la puissance élémentaire comprise entre $(\sigma - \frac{d\sigma}{2})$ et $(\sigma + \frac{d\sigma}{2})$.

Le signal en sortie de l'interféromètre, à partir duquel est établi l'interférogramme, s'écrit :

$$I(\Delta) = 2RT \int_{\sigma1}^{\sigma2} S(\sigma)(1 + \cos(2\pi\sigma\Delta)) \, d\sigma \qquad (2.13)$$

Ce signal est à une constante près la transformée de Fourier en cosinus de la distribution spectrale de l'objet.

Le traitement de cet interférogramme s'effectue par plusieurs méthodes, dont la spectrométrie de corrélation, que nous avons adoptée ensuite dans le cadre du DIPP.

Spectrométrie de corrélation :

Cette méthode développée par Fortunato et Maréchal [22] permet d'utiliser la spectrométrie de Fourier afin de mesurer la concentration d'un gaz dans l'atmosphère.

On compare l'interférogramme obtenu avec un interférogramme de référence, que l'on obtient en plaçant une grille dans le plan des franges. En étudiant le flux de lumière dans ce plan, proportionnel au produit de corrélation des deux interférogrammes, on en déduit la présence de polluants le long de la ligne de visée.

Cette méthode a permis la réalisation de détecteurs permettant de faire de l'imagerie de pollution à l'aide de montages optiques et mécaniques simples tout en utilisant des sources naturelles de lumière. Une contrainte à prendre en compte néanmoins reste le filtrage de la lumière, que l'on doit réaliser dans un intervalle spectral étroit avec des filtres interférentiels de qualité.

Dans ce type d'interféromètre de Michelson, il est nécessaire de disposer d'un mécanisme qui permet de moduler la différence de marche et d'un autre qui permet de balayer la scène à observer afin de reconstruire une image de la pollution mesurée. Il faut savoir que ces mécanismes rendent les détecteurs de pollution plus complexes que les interféromètres classiques, donc moins fiables et plus coûteux.

Pour remédier à ces inconvénients, on conçoit le dispositif suivant :

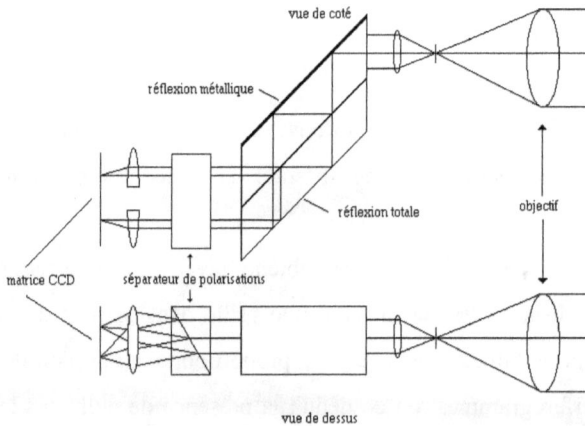

Figure 2.6. Schéma de fonctionnement du DIPP

La différence d'épaisseur entre les deux lames de verre permet de fixer la différence de marche d'observation Δ_0, qui correspond à la structure caractéristique du spectre du polluant que l'on cherche à étudier [23]. Rappelons que la différence de marche équivaut à l'inverse de la périodicité des raies d'absorption en σ.

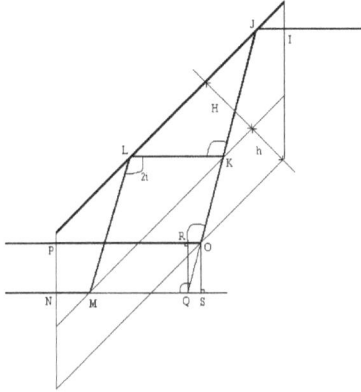

Figure 2.7. Calcul de la différence de marche du DIPP

Pour les deux parties du bloc interférométrique, on utilisera des lames de même indice n, et d'épaisseur H et h. L'angle de réflexion du faisceau sur les faces du bloc de prisme est noté i, Les rayons lumineux qui vont interférer à la sortie du bloc optique, et qui rentrent perpendiculairement à la face d'entrée en I, présentent une différence de marche :

$$\Delta = n\{(IJKLMN) - (IJKOP)\}$$
$$= n\{(KOQMN) - (KORP)\}$$
$$= n\{(OQ) - (OR)\}$$
$$= n\{(OQ)(1 - \cos(\pi - 2i))\}$$
$$= 2n\frac{H - h}{\cos(i)}\cos^2(i)$$
$$\Delta = 2n(H - h)\cos(i) \tag{2.14}$$

Le système optique est réglé de manière à ce que les faisceaux d'entrée soient parallèles. Ils interfèrent au foyer de la lentille placée à la sortie de l'interféromètre, qui forme l'image sur une matrice CCD. La différence de marche varie en fonction de l'inclinaison des faisceaux par rapport à l'axe optique (IJ), donc d'un point à l'autre du champ. La phase des motifs interférentiels va varier d'un point à l'autre du champ et créer sur la matrice CCD un réseau de franges d'égale inclinaison qui n'existe qu'aux endroits de l'image où existe le polluant recherché.

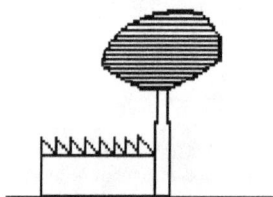

Figure 2.8. Schéma de la visualisation des franges sur le paysage observé. Idéalement, les franges d'interférences apparaissent superposées aux zones polluées du paysage (ici, la fumée d'un haut fourneau).

Dans le cas du DIPP, l'interféromètre de Michelson a été adapté en une géométrie de Mach-Zehnder (figure 2.7), qui présente la propriété d'avoir une différence de marche fixe, l'essentiel du bloc interférométrique étant composé d'un prisme de verre. Cette configuration comporte deux sorties et permet d'obtenir deux interférogrammes complémentaires. La totalité des photons émis est donc utilisée (aux réflexions et transmissions près), alors que sur un interféromètre de type Michelson, la moitié des photons est renvoyée vers la source [20].

Soit l'onde incidente

$$\hat{a} = \hat{a}_0 e^{i\omega t} \qquad (2.15)$$

où $\hat{a}_0 = a_0 e^{i\phi}$.

Le détecteur D1 reçoit l'intensité lumineuse I_+, résultat de l'interférence de 2 ondes lumineuses. Comme nous l'avons vu précédemment (équation 2.12), I_+ a pour expression :

$$I_+ = 2RT a_0^2 (1 + \cos(2\pi\sigma\Delta)) \qquad (2.16)$$

Le signal I_- reçu par le détecteur D2 est la superposition d'une onde se réfléchissant 2 fois sur la séparatrice :

$$\hat{a}_3 = \sqrt{R}\sqrt{R}\,\hat{a}_0 e^{i(\omega(t-\frac{2l'}{c})+\alpha+\theta+\alpha)} \qquad (2.17)$$

et d'une onde traversant 2 fois la séparatrice

$$\hat{a}_4 = \sqrt{T}\sqrt{T}\,\hat{a}_0 e^{i(\omega(t-\frac{2l}{c})+\beta+\theta+\beta)} \qquad (2.18)$$

α est le déphasage produit lors de la réflexion, β lors de la transmission. La différence de marche entre les 2 bras de l'interféromètre est $\Delta = 2(l - l')$. L'intensité I_- s'écrit alors :

$$I_- = \left| \hat{a}_3 + \hat{a}_4 \right|^2$$

$$= |\hat{a}_3|^2 + |\hat{a}_4|^2 + \overline{\hat{a}}_3 \hat{a}_4 + \hat{a}_3 \overline{\hat{a}}_4$$

$$= a_0^2 (T^2 + R^2 + 2RT \cos(2\pi\sigma\Delta + 2(\beta - \alpha)))$$

$$= (R - T)^2 a_0^2 + 2RT a_0^2 (1 - \cos(2\pi\sigma\Delta)) \qquad (2.19)$$

Dans le cas de la lame semi-réfléchissante, la différence entre les déphasages à la réflexion et à la transmission a pour valeur $(\beta - \alpha) = \frac{\pi}{2} \pm k\pi$, ce qui nous a mené à l'équation (2.19)

Dans le cas d'une source étendue spectralement, on obtient :

$$\begin{cases} I_+(\Delta) = 2RT \int S(\sigma)\,(1 + \cos(2\pi\sigma\Delta))\,d\sigma \\ I_-(\Delta) = 2RT \int S(\sigma)\,(1 - \cos(2\pi\sigma\Delta))\,d\sigma + (R - T)^2 \int S(\sigma)d\sigma \end{cases} \quad (2.20)$$

Avec $S(\sigma) = S_0 T_f(\sigma) T_g(\sigma)$. S_0 est le spectre solaire diffusé, T_f la transmission du filtre d'entrée du DIPP et T_g la transmission du nuage de gaz.

On suppose que les valeurs des coefficients de transmission et de réflexion de la séparatrice sont identiques et valent 0,5. Au 1er ordre, cette approximation est correcte mais pourrait être précisée d'avantage.

Ainsi :

$$\begin{cases} I_+(\Delta) = 2RT \int S(\sigma)\,(1 + \cos(2\pi\sigma\Delta))\,d\sigma \\ I_-(\Delta) = 2RT \int S(\sigma)\,(1 - \cos(2\pi\sigma\Delta))\,d\sigma \end{cases} \quad (2.21)$$

Décomposons le motif d'absorption $p(\sigma - \sigma_q)$ en chacune de ses raies, centrées en σ_q et d'amplitude c_q. D'après (2.6), on a alors:

$$T_g(\sigma) \approx 1 - n\chi(\sigma) = 1 - n\left(\sum_q c_q p(\sigma - \sigma_q) \right)$$

Posons :

$$\sum_q c_q T_f(\sigma_q) S_0(\sigma_q) e^{-2i\pi\Delta q \delta\sigma} = B(\Delta) e^{i\varphi(\Delta)}$$

Finalement :

$$
\begin{cases}
I_+(\Delta) = I_0 + 2RT \int\limits_{\Delta\sigma} S_0 T_f(\sigma)\cos(2\pi\sigma\Delta)\, d\sigma - 2nRT\, B(\Delta)\hat{p}(\Delta)\,\cos(2\pi\Delta\sigma_0 + \varphi(\Delta)) \\
I_-(\Delta) = I_0 - 2RT \int\limits_{\Delta\sigma} S_0 T_f(\sigma)\cos(2\pi\sigma\Delta)\, d\sigma + 2nRT\, B(\Delta)\hat{p}(\Delta)\,\cos(2\pi\Delta\sigma_0 + \varphi(\Delta))
\end{cases}
\tag{2.22}
$$

On choisit le filtre de telle sorte que le deuxième terme soit quasi nul lorsqu'on se trouve au voisinage de la différence de marche Δ_0.

Supposons maintenant que les déphasages à la réflexion sur les miroirs M1 et M2 ne soient pas identiques. En effet, un dépôt est effectué sur l'une des faces du bloc optique. La lumière subit alors une réflexion métallique sur cette face qui induit un déphasage α_m et une réflexion totale sur l'autre face, induisant là aussi un déphasage de α_t.

$$
\begin{cases}
I_+(\Delta) = I_0 - 2nRT\, B(\Delta)\hat{p}(\Delta)\,\cos(2\pi\Delta_0\sigma_0 + \varphi(\Delta) + \alpha_m - \alpha_t) \\
I_-(\Delta) = I_0 + 2nRT\, B(\Delta)\hat{p}(\Delta)\,\cos(2\pi\Delta_0\sigma_0 + \varphi(\Delta) + \alpha_m - \alpha_t)
\end{cases}
\tag{2.23}
$$

En ajoutant un prisme de Wollaston, qui permet d'analyser ces 2 sorties suivant 2 polarisations perpendiculaires ($//$ et $\perp$), on obtient

$$
\begin{cases}
I_a(\Delta) = \frac{I_0}{2} - 2nRT\, B(\Delta)\hat{p}(\Delta)\,\cos(2\pi\Delta_0\sigma_0 + \varphi(\Delta) + \alpha_{\perp m} - \alpha_{\perp t}) \\
I_b(\Delta) = \frac{I_0}{2} + 2nRT\, B(\Delta)\hat{p}(\Delta)\,\cos(2\pi\Delta_0\sigma_0 + \varphi(\Delta) + \alpha_{\perp m} - \alpha_{\perp t}) \\
I_c(\Delta) = \frac{I_0}{2} - 2nRT\, B(\Delta)\hat{p}(\Delta)\,\cos(2\pi\Delta_0\sigma_0 + \varphi(\Delta) + \alpha_{//m} - \alpha_{//t}) \\
I_d(\Delta) = \frac{I_0}{2} + 2nRT\, B(\Delta)\hat{p}(\Delta)\,\cos(2\pi\Delta_0\sigma_0 + \varphi(\Delta) + \alpha_{//m} - \alpha_{//t})
\end{cases}
\tag{2.24}
$$

Notons $\Phi = 2\pi\Delta_0\sigma_0 + \alpha_{\perp m} - \alpha_{\perp t}$ et $\theta = (\alpha_{//m} - \alpha_{//t}) - (\alpha_{\perp m} - \alpha_{\perp t})$

Finalement :

$$\begin{cases} I_a(\Delta) = \frac{I_0}{2} - 2nRT\, B(\Delta)\hat{p}(\Delta)\, \cos(\varphi(\Delta) + \Phi) \\ I_b(\Delta) = \frac{I_0}{2} + 2nRT\, B(\Delta)\hat{p}(\Delta)\, \cos(\varphi(\Delta) + \Phi) \\ I_c(\Delta) = \frac{I_0}{2} - 2nRT\, B(\Delta)\hat{p}(\Delta)\, \cos(\varphi(\Delta) + \theta + \Phi) \\ I_d(\Delta) = \frac{I_0}{2} + 2nRT\, B(\Delta)\hat{p}(\Delta)\, \cos(\varphi(\Delta) + \theta + \Phi) \end{cases} \qquad (2.25)$$

Les déphasages θ et Φ sont connus, car ils ne dépendent que de l'indice du matériau, de l'angle d'incidence ainsi que de l'indice complexe des surfaces sur lesquelles s'effectuent les réflexions. On peut choisir ces paramètres de sorte à avoir $\theta = \frac{\pi}{2} + \varepsilon$, avec $\varepsilon \ll \frac{\pi}{2}$.

Les interférogrammes sont alors en quadrature, et s'écrivent :

$$\begin{cases} I_a(\Delta) = \frac{I_0}{2} - 2nRT\, B(\Delta)\hat{p}(\Delta)\, \cos(\varphi(\Delta) + \Phi) \\ I_b(\Delta) = \frac{I_0}{2} + 2nRT\, B(\Delta)\hat{p}(\Delta)\, \cos(\varphi(\Delta) + \Phi) \\ I_c(\Delta) = \frac{I_0}{2} - 2nRT\, B(\Delta)\hat{p}(\Delta)\, \sin(\varphi(\Delta) + \Phi + \varepsilon) \\ I_d(\Delta) = \frac{I_0}{2} + 2nRT\, B(\Delta)\hat{p}(\Delta)\, \sin(\varphi(\Delta) + \Phi + \varepsilon) \end{cases} \qquad (2.26)$$

Ainsi, le DIPP fournit les 4 sorties, illustrées par la figure 2.9 :

44

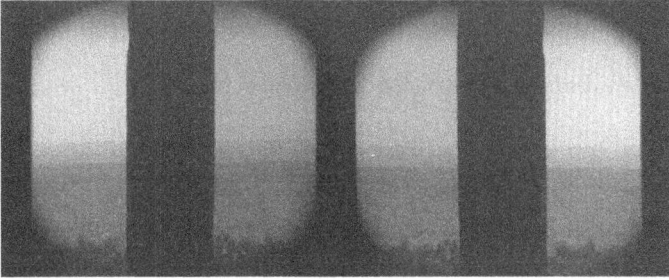

Figure 2.9. Les quatre sorties de l'interféromètre (images brutes d'un paysage niçois)

Si on cherche à extraire la valeur de la concentration de polluant telle que $n = \int C dl$, il suffit alors d'écrire :

$$
\begin{cases}
X = \dfrac{I_a - I_b}{I_a + I_b} = -nRT \, \frac{B(\Delta)\hat{p}(\Delta)}{I_0} \cos(\varphi(\Delta) + \Phi) \\[2mm]
Y = \dfrac{I_c - I_d}{I_c + I_d} = -nRT \, \frac{B(\Delta)\hat{p}(\Delta)}{I_0} \sin(\varphi(\Delta) + \Phi + \varepsilon)
\end{cases}
\tag{2.27}
$$

où $\frac{B(\Delta)\hat{p}(\Delta)}{I_0}$ est indépendant de l'éclairement, le numérateur et le dénominateur étant tous deux fonction du spectre du polluant $S_0(\sigma)$.

En posant $A = nRT \frac{B(\Delta)\hat{p}(\Delta)}{I_0}$, on obtient au 1er ordre : $A = \sqrt{X^2 + Y^2}$

On obtient donc la valeur de A, directement proportionnelle à la concentration de polluant présent le long de la ligne de visée.

45

2.5 Effets d'éventuels défauts de la séparatrice

Les calculs précédents ont été effectués dans le cas idéal où la lame séparatrice de l'interféromètre est parfaite, c'est-à-dire où les coefficients de réflexion et de transmission R et T sont tous deux égaux à 1/2.

Reprenons les interférogrammes obtenus précédemment en sortie de l'interféromètre (équations 2.12 et 2.19) :

$$\begin{cases} I_+ = 2RTa_0^{\ 2}(1 + \cos(2\pi\sigma\Delta)) \\ I_- = (R - T)^2 a_0^{\ 2} + 2RTa_0^{\ 2}(1 - \cos(2\pi\sigma\Delta)) \end{cases}$$

Simplifions les écritures pour ne laisser apparaître que les termes T et R. Posons $a_0^{\ 2} = P$ et $2\pi\sigma\Delta = \theta$

On obtient les deux intensités en sortie :

$$\begin{cases} I_+ = 2RTP(1 + \cos(\theta)) \\ I_- = (R - T)^2 P + 2RTP(1 - \cos(\theta)) \end{cases}$$

Si l'on suppose que la séparatrice est idéale, $R = T = 1/2$ et R+T = 1

Supposons que cette dernière condition ne soit pas réalisée, dans ce cas l'énergie des faisceaux peut ne pas être conservée lors d'une transmission ou d'une réflexion :

$$R + T = 1 - k$$

où k correspond à la perte d'énergie dans la séparatrice (k<<1). En introduisant aussi les déséquilibres ε entre les 2 voies (ε<<1), on peut écrire :

$$\frac{T-R}{T+R} = \varepsilon$$

ou bien encore :

$$R = \frac{1-k}{2}(1-\varepsilon)$$

$$T = \frac{1-k}{2}(1+\varepsilon)$$

Associons les coefficients de réflexions et de transmission :

$$RT = \frac{(1-k)^2}{4}(1-\varepsilon^2)$$

$$(R-T)^2 = \varepsilon^2(1-k)^2$$

Les deux sorties s'écrivent donc :

$$\begin{cases} I_+ = P(1-k)^2(1-\varepsilon^2)\frac{1+\cos(\theta)}{2} \\ I_- = P\varepsilon^2(1-k)^2 + P(1-\varepsilon^2)(1-k^2)\frac{1-\cos(\theta)}{2} \end{cases}$$

$$\begin{cases} I_+ = P(1-k)^2(1-\varepsilon^2)\frac{1+\cos(\theta)}{2} \\ I_- = P(1-k)^2\frac{(1-\varepsilon^2)}{2}[2\frac{\varepsilon^2}{1-\varepsilon^2}+1-\cos(\theta)] \end{cases}$$

Simplifions d'avantage :

$$P' = P(1-k)^2(1-\varepsilon^2)/2$$

$$\eta = 2\varepsilon^2/(1-\varepsilon^2)$$

En séparant les polarisations parallèle et perpendiculaire, et en retrouvant les notations des équations 2.24, on obtient alors les quatre sorties de l'interféromètre:

$$\begin{cases} I_{+//} = I_d = P_{//}(1+\cos(\theta)) \\ I_{+\perp} = I_b = P_\perp(1+\cos(\theta)) \\ I_{-//} = I_c = P_{//}(1+\eta_{//}-\cos(\theta)) \\ I_{-\perp} = I_a = P_\perp(1+\eta_\perp-\cos(\theta)) \end{cases} \qquad (2.28)$$

Il apparaît que chaque sortie possède une amplitude maximale et un continuum différents des autres sorties. Pour une même polarisation, les deux sorties complémentaires de l'interféromètre ont une même amplitude de franges ($P_\perp$ et $P_{//}$), mais un continuum différent, de valeur ($P_\perp\eta_\perp$ et $P_{//}\eta_{//}$).

Un cas très défavorable serait par exemple le suivant : T=0.48 et R=0.52. On peut supposer que la perte d'énergie k dans la séparatrice est de l'ordre de 10^{-4}.
On obtiendrait alors une variation de continuum η=0.3 % et une variation de l'amplitude des franges inférieure à 0.2 %.
Nous verrons plus loin que l'amplitude des franges est effectivement identique sur les deux images complémentaires (la somme I_a+I_b ne laisse pas apparaître de franges résiduelles), mais que la différence (I_a-I_b) a une valeur moyenne quasi nulle. Il ne semble donc pas y avoir une différence de continuum entre les deux images. L'écart entre les coefficients de transmission et de réflexion semble donc inexistant, au mieux imperceptible.
Il faut préciser également que la correction des images par les images de calibration ('flat') atténue de nombreux défauts relatifs entre les diverses sorties. Un déséquilibre entre deux voies peut ainsi être minimisé (voir chapitre 4).

3 Chapitre 3) Le DIPP, un instrument imageur

Le prototype du DIPP a été développé par Jean Gay, Sébastien Dervaux et Jean-Louis Schneider [15]. Le 1er modèle était équipé de caméras CCD analogiques de marque Cohu. Un nouveau prototype fonctionne depuis 2005, et est équipé de caméras numériques Pixelink et d'objectifs Schneider permettant un meilleur échantillonnage du champ.

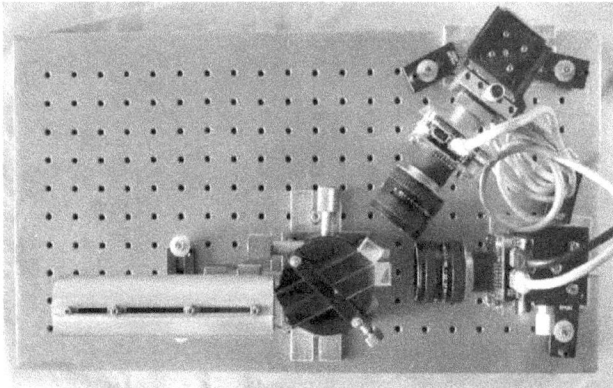

Figure 3.1. Prototype du DIPP, Détecteur Interférométrique Panoramique de Pollution

L'élément principal de cet instrument est un bloc de prismes, constitué de 2 prismes trapézoïdaux accolés, en sortie desquels sont apposés les séparateurs de polarisations (Wollaston).

A l'entrée du DIPP se trouve le filtre interférentiel centré autour de 22700 cm^{-1} et isolant la partie utile du spectre du NO_2, ainsi qu'un diaphragme permettant de définir la quantité de lumière entrant dans le dispositif.

Le faisceau lumineux traverse ensuite deux lentilles convergentes et un diaphragme de champ, pour ressortir parallèle, à l'entrée du bloc de prismes. L'onde incidente est alors séparée en deux ondes déphasées, chacune d'entre elles étant à nouveau séparée en 2 polarisations parallèles et normales au plan d'incidence lors de la traversée des prismes de Wollaston.

Ces quatre faisceaux sont finalement focalisés deux à deux sur des caméras CMOS vidéo Pixelink PL-A633.

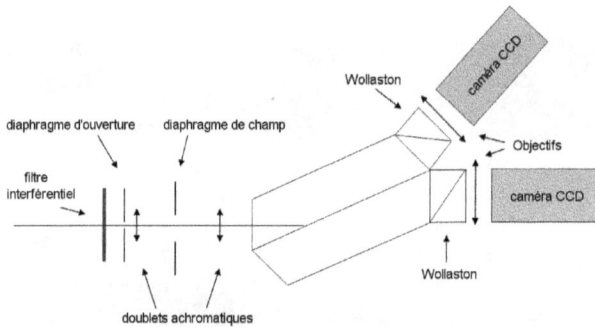

Figure 3.2. Schéma simplifié du DIPP

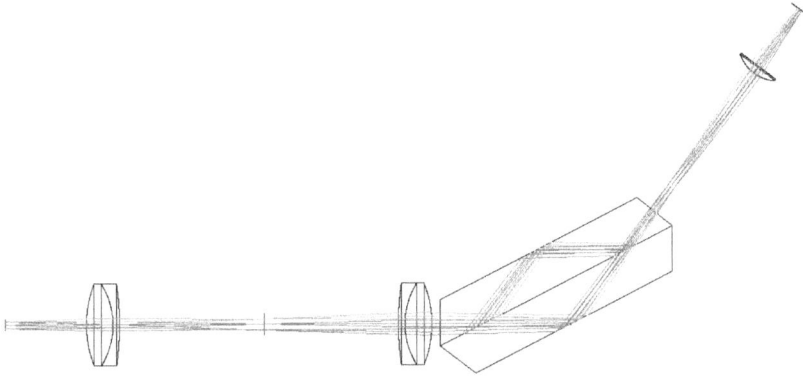

Figure 3.3. Schéma du chemin optique du DIPP réalisé sous ZEMAX pour une lumière monochromatique et 3 points sources.

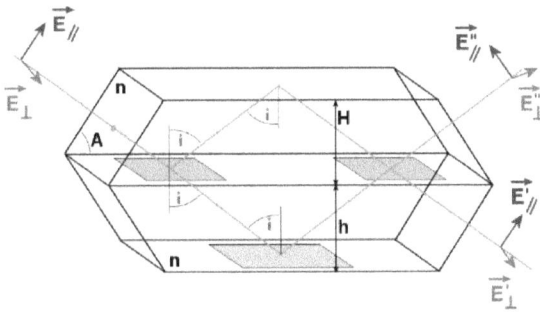

Figure 3.4. Vue 3D du bloc de prismes du DIPP, présentant les différentes polarisations transmises par le bloc de prismes.

Le bloc de prismes, traité et assemblé par la société d'optique Fichou, présente les caractéristiques suivantes :

Largeur spectrale de travail : 30 nm, centrée sur 440 nm

Matériau : Silice fondue synthétique

Hauteur des prismes : h=15 mm

Différence de hauteur entre les deux prismes : H-h = 32.96 μm

Largeur des prismes : 20 mm

Angle des faces d'entrée et de sortie : $i_0 = 63.2°$

Polissage des faces à $\lambda/20$ sur 10 mm

Facteur de transmission et de réflexion de la lame semi-réfléchissante égaux entre eux à mieux que 2% près.

Les figures 3.5 à 3.7 représentent la section efficace d'absorption du NO_2 dans la partie visible du spectre et dans le proche ultraviolet (de 240 nm à 650 nm) [26].

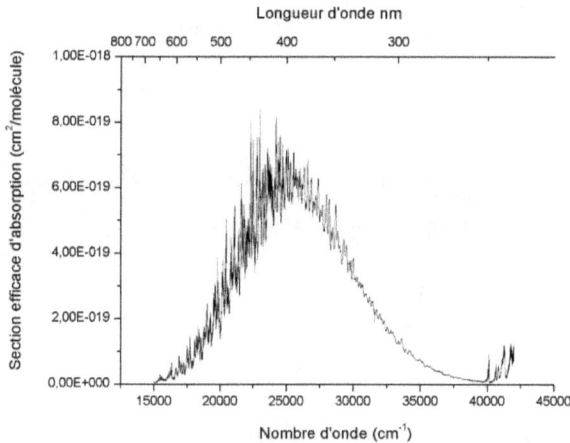

Figure 3.5. Spectre d'absorption du NO_2

Le spectre présente un important seuil de photodissociation autour de 25130 cm^{-1}, qui coïncide avec une forte absorption, il est donc plus aisé de l'étudier autour de cette longueur d'onde. La large raie correspondante présente des zones particulièrement intéressantes, comme cette série de 4 pics étroits centrés autour de 22700 cm^{-1}, soit 440 nm (figure 3.7)[27].

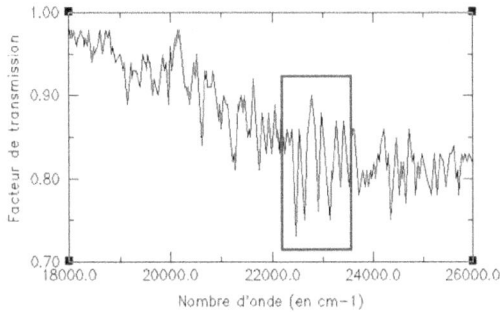

Figure 3.6. Spectre d'absorption du NO_2 (détail). Le facteur de transmission est inversement proportionnel à la section efficace d'absorption, c'est pourquoi les courbes des figures 3.5 et 3.6 ont une orientation différente.

Nous sommes encore dans le domaine spectral des caméras CCD classiques, même si celles-ci ont parfois un rendement plus faible dans ces longueurs d'onde.

Le spectre d'absorption ci-dessus, d'une résolution de 2 cm^{-1}, à été obtenu pour une concentration en NO_2 de 180 ppm.m. Cette concentration est égale à celle d'un nuage de gaz de 1 km et de concentration uniforme de 338 µg/m^3 (une atmosphère environ 3 fois plus polluée qu'à Paris, en moyenne).

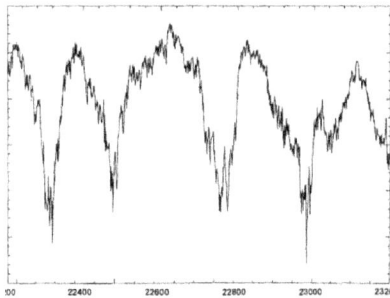

Figure 3.7. Zoom sur le spectre du NO_2, autour de 22700 cm^{-1}

On déduit de ces spectres l'interférogramme du NO$_2$ (figures 3.8 à 3.10) :

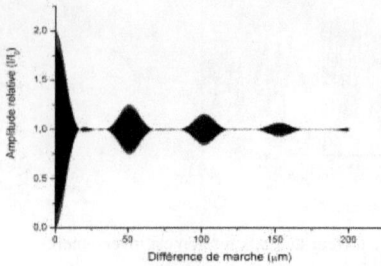

Figure 3.8. Interférogramme du NO$_2$

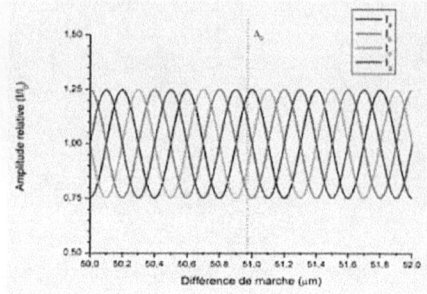

Figure 3.9. Zoom sur l'interférogramme du NO$_2$ (schéma simplifié)

Cet interférogramme est obtenu à partir de la section efficace d'absorption du NO$_2$ et présente un motif important en amplitude relative, centré autour de 45 µm, qui correspond à l'inverse de la périodicité moyenne des raies du NO$_2$ (environ 210 cm^{-1}). C'est donc autour de cette différence de marche qu'a été construit le DIPP, notamment la différence de hauteur des deux prismes accolés, selon l'équation 2.14.

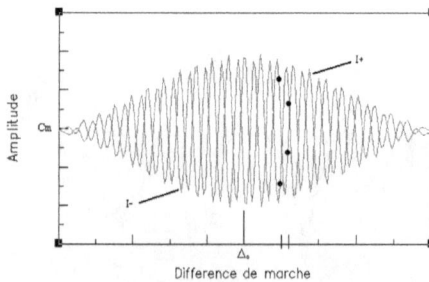

Figure 3.10. Zoom sur l'interférogramme du NO$_2$, centré autour de la différence de marche 45 µm, avec extraction des 4 polarisations.

Caméras et objectifs du DIPP

Les faisceaux lumineux interfèrent au foyer de deux caméras CMOS vidéo Pixelink PL-A633, composées d'un capteur de 1280 lignes sur 1024 colonnes. Cette matrice est composée de pixels carrés de 6 μm de côté, pour une taille de 7.68x6.14 mm. La sensibilité de ces caméras en fonction de la longueur d'onde est représentée sur la figure 3.16.

Les objectifs permettant de focaliser les faisceaux sont des objectifs Schneider-Kreuznach, de 17 mm de focale et ouvert à 0.95, qui définissent un champ horizontal de 25.5° et un champ vertical de 20.5°.

Sur chaque capteur sont focalisées les deux images séparées par le prisme de Wollaston, ce qui réduit le champ utile. Le diaphragme de champ, placé dans l'optique d'entrée du DIPP, permet d'obtenir finalement un champ d'environ 7°x18°. On préfèrera conserver un champ plus faible dans la direction verticale, car la grande ouverture des objectifs génère un important vignettage sur les bords, que l'on atténuera avec des images de calibrations (paragraphe 4.2). Finalement, le champ utile est de 7°x12.5°.

3.1 Contraste des franges en fonction de la concentration de NO_2

Reprenons le spectre d'absorption du NO_2 (figure 3.6), obtenue pour une concentration uniforme de 338 μg/m^3.

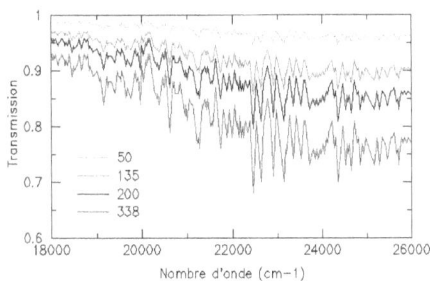

Figure 3.11 : valeur des facteurs de transmission pour différentes concentrations (μg/m^3)

Les développements théoriques (donnés dans le chapitre 2) et les 1ers résultats expérimentaux nous ont montré que le contraste des franges d'interférence augmente avec la concentration de NO_2 le long de la ligne de visée. Cette constatation a également été effectuée expérimentalement par Sébastien Dervaux, pour des concentrations plus élevées [15].

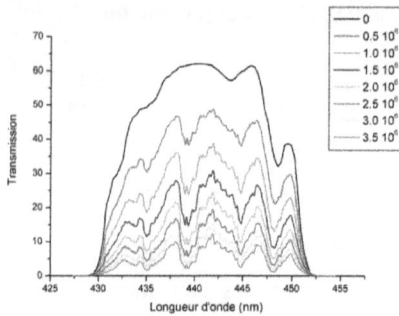

Figure 3.12. Transmission du filtre d'entrée. Les différents profils ont été obtenus en présence de plusieurs concentrations de polluant (exprimées en $\mu g.m^{-3}.m$).

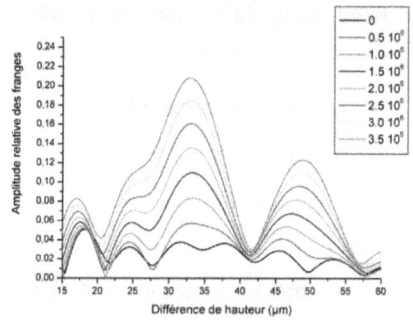

Figure 3.13. Amplitude relative des franges d'interférence, pour diverses concentrations de polluant (exprimées en $\mu g.m^{-3}.m$).

La figure 3.12 représente le facteur de transmission total à l'entrée du DIPP, obtenu en multipliant le profil théorique du filtre, donné par le fabricant (le profil mesuré expérimentalement est sensiblement identique [15]), par le signal transmis par le nuage de gaz.

La figure 3.13 représente la variation du contraste des franges lorsque la quantité de NO_2 augmente.

Cette expérience est résumée par le graphique suivant :

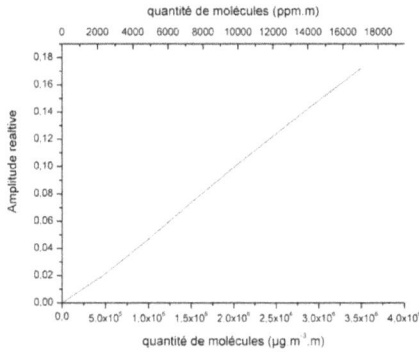

Figure 3.14. Augmentation du contraste des franges avec la quantité de NO$_2$.

3.2 La fenêtre atmosphérique

La fenêtre atmosphérique couvre des plages de longueurs d'onde du spectre solaire pour lesquelles l'énergie de rayonnement est transmise et où l'absorption atmosphérique est minimale.

Le DIPP ne fonctionne que grâce à la lumière solaire et un nombre minimum de photons doit parvenir à l'appareil pour qu'il fonctionne correctement et que la détection soit efficace.

Il est donc nécessaire d'établir une corrélation entre la fenêtre atmosphérique et les longueurs d'onde des substances polluantes afin de déterminer si elles sont observables par le DIPP.

A l'aide de la figure 3.15, qui représente la courbe de transmission atmosphérique en fonction de la longueur d'onde, on s'aperçoit que certains polluants ne rentrent pas dans ce cas de figure et ne pourront donc pas être détectés par le DIPP. Il s'agit par exemple des molécules rayonnant dans l'infrarouge, un domaine dans lequel l'absorption atmosphérique est très importante.

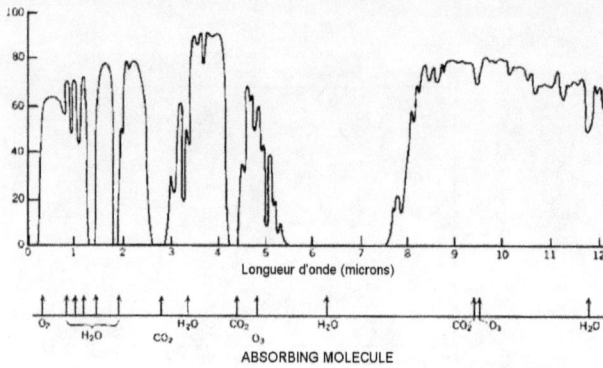

Figure 3.15. Courbe de transmission atmosphérique. Divers éléments présents dans l'atmosphère sont représentés, comme l'eau, absorbant une grande partie du rayonnement incident.

Cette analyse peut être affinée par une étude des rendements quantiques des caméras CCD, c'est-à-dire les seuils de sensibilité de détection en fonction de la longueur d'onde. En effet, la grande sensibilité des détecteurs peut parfois s'affranchir de l'absorption atmosphérique. Nous allons étudier plus loin la détectabilité du dioxyde de soufre SO_2 à 300 nm, malgré une forte absorption atmosphérique à cette longueur d'onde.

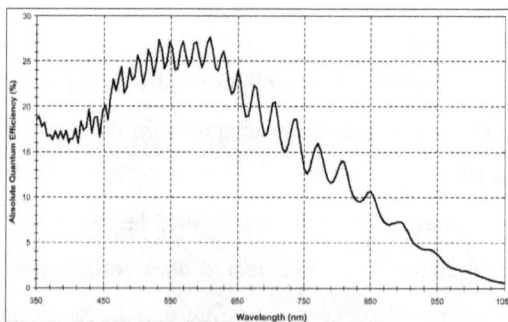

Figure 3.16. Rendement quantique du capteur KAC 1310, utilisé dans les caméras Pixelink du DIPP, sensible du proche ultraviolet au proche infrarouge

La figure 3.16 est un exemple caractéristique de dépendance de la sensibilité des caméras CCD à la longueur d'onde. Une molécule absorbant vers 1 μm (1000 nm) sera dans ce cas difficilement détectée par cette caméra. Le domaine d'absorption de diverses molécules est représenté dans le paragraphe suivant.

3.3 Les polluants observables avec le DIPP

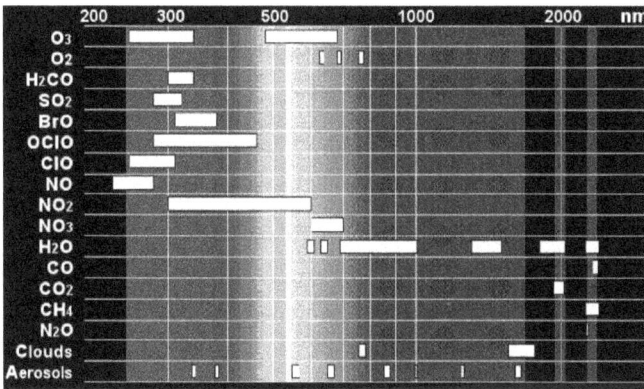

Figure 3.17. Interaction des molécules sur le spectre électromagnétique. En blanc sont représentées les plages de longueur d'onde présentant des raies d'absorption importantes. Ces molécules ne présentent pas toutes un spectre périodique, à ces longueurs d'onde, et ne pourront donc pas être détectées.

Parmi toutes les molécules que les collectivités sont tenues de surveiller dans le cadre de la législation européenne (un échantillon est donné par la figure 3.17), il serait bon de choisir non seulement les plus néfastes pour l'environnement, mais aussi dans la mesure du possible celles qui présentent des raies d'absorption dans le domaine visible ou à proximité, car le coût des caméras est dans ces domaines-là moins élevé. Le NO_2, polluant majeur, responsable de l'apparition de l'ozone, possède des raies dans un large domaine, allant de 300 à 600 nm.

D'autres polluants, comme le dioxyde de soufre SO_2, ont des raies d'absorption centrées principalement autour de 300 nm, dans l'ultraviolet proche, rendant leur détection plus complexe, notamment en ce qui concerne le flux lumineux et la sensibilité de la matrice CCD.

Parmi les polluants majeurs, on constate que dans la partie visible du spectre (390 à 770 nm), seules les molécules de l'ozone O_3 et du dioxyde d'azote NO_2 possèdent des raies d'absorptions.

D'autres polluants présentent des raies intéressantes dans l'infrarouge, parfois dans l'ultraviolet, mais les caméras permettant leur détection sont parfois hors de prix, et doivent souvent être refroidies pour améliorer leur rendement, ce qui alourdit l'utilisation d'un dispositif comme le DIPP, qui n'intéressera les collectivités que s'il présente une plus grande ergonomie que les détecteurs déjà existants. Les caméras infrarouges refroidies, par exemple, sont souvent réservées au marché militaire (surveillance, guidage de missiles, etc) et sont encore très chères.

3.3.1 L'ozone O_3 :

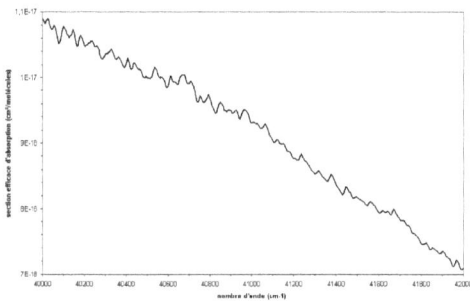

Figure 3.18. Section efficace de l'ozone entre 40000 et 42000 cm^{-1} (de 238 à 250 nm)

Le spectre de l'ozone présente de nombreuses raies d'absorption (dans la partie visible et en UV, comme le montre la figure 3.18), mais celles-ci ne sont pas très importantes et ne permettent pas d'obtenir des motifs interférentiels de grand contraste.

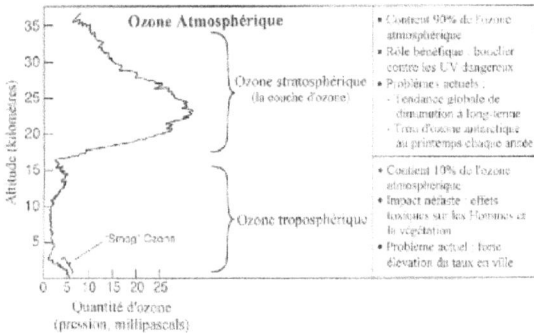

Figure 3.19. Répartition de l'ozone atmosphérique.

La figure 3.19 représente la distribution de l'ozone en fonction de l'altitude selon les couches atmosphériques principales. La quantité d'ozone stratosphérique, en haute altitude, est plus importante, et s'étend sur une grande

61

longueur. Cette particularité fait que selon la hauteur du Soleil sur l'horizon, la lumière solaire peut traverser des épaisseurs très différentes d'ozone, ce qui rendra plus difficile la distinction entre l'ozone anthropique (d'origine humaine) et l'ozone atmosphérique, naturel.

De plus, l'ozone n'étant qu'un polluant secondaire issu d'une réaction photochimique d'oxydes d'azote, nous avons préféré nous intéresser plutôt à d'autres polluants, comme le dioxyde de soufre SO_2 ou le dioxyde d'azote NO_2.

3.3.2 Le dioxyde de soufre SO_2 :

Le SO_2 est un polluant majeur généré principalement par l'industrie, mais sa détection a été dans un premier temps délaissée au profit du NO_2 car ses raies d'absorption principales se trouvent dans l'ultraviolet proche, et nécessitent donc des dispositifs plus coûteux pour être observées. Les grands groupes industriels étant tenus de surveiller leurs émissions de SO_2, il est bon malgré tout de s'intéresser dans un second temps à sa détection par le DIPP.

Tout le problème est de savoir si l'atmosphère laisse passer assez de photons pour que la scène observée reste suffisamment lumineuse, mais aussi savoir si le soleil lui-même en émet assez. On a donc deux problèmes : d'abord, simuler le rayonnement solaire, ensuite simuler la transmission atmosphérique, entre 280 et 320 nm, domaine qui couvre une partie intéressante du spectre du SO_2, car il contient des raies régulières et contrastées (figure 2.4).

1 Simulation du rayonnement solaire

On relève dans Astrophysical Quantities [3] le flux UV du Soleil donné en milliwatt par angström de bande passante, par mètre carré de surface réceptrice :

Longueur d'onde (nm)	200	220	240	260	280	300	320	340	360	400	500	600
Flux (mW/A/m^2)	0.65	4.5	5.2	13	23	56	76	91	97	150	180	179

On interpole ensuite ces valeurs, mais si l'interpolation linéaire n'est pas évidente, elle devient plus aisée en l'échelle logarithmique. Nous pouvons en effet approximer la courbe obtenue par un polynôme de degré 5 (figure 3.20). Les graphiques suivants ont été obtenus avec le logiciel MATHCAD.

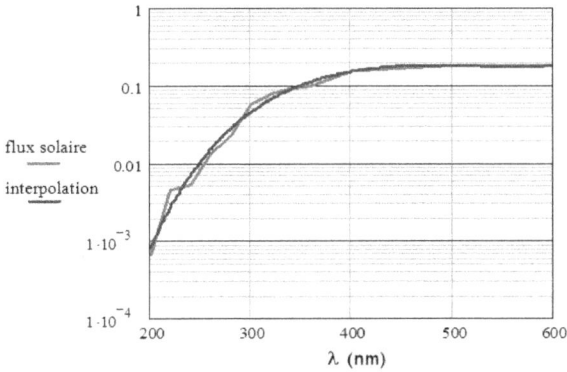

Figure 3.20. Interpolation du flux ultraviolet du Soleil. La description polynomiale du flux solaire est efficace vers 290 nm, mais sous-estimée d'environ 15% entre 300 et 320 nm, ce qui ne porte pas à conséquence dans cet intervalle.

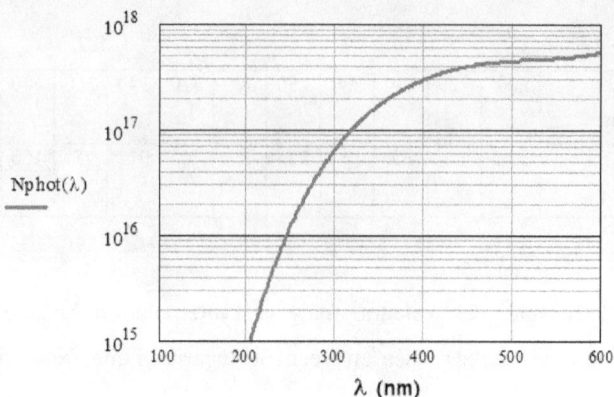

Figure 3.21. Nombre de photons reçus par seconde, par Angstrom et par m^2 de surface terrestre.

Quand on relève le nombre de photons émis par le Soleil (figure 3.21), on constate que dans la centaine d'Angstrom du domaine spectral couvert par les raies du SO_2, on reçoit assez de photons sur le paysage éclairé (tant que l'on ne tient pas compte de l'absorption atmosphérique).

2 Simulation de l'absorption atmosphérique

Les 2 documents que nous utilisons sont extraits de Astrophysical Quantities [3].

Le 1er graphique donne l'expression de l'épaisseur optique verticale de l'atmosphère selon la longueur d'onde depuis 290 nm jusqu'à l'infrarouge. Même si l'ultraviolet est représenté avec peu de détails, ce n'est pas très gênant car l'absorption due à l'ozone y est continue.
Cependant, les limites exactes du domaine spectral demeurent incertaines.

Le 2è extrait est un graphique s'étendant des rayons gamma jusqu'à l'UV et donne l'absorption sous une autre forme en indiquant l'altitude à laquelle il faut s'élever pour que l'épaisseur optique verticale de l'atmosphère soit égale à l'unité.

64

Ces deux documents, schématisés sur la figure 3.26 se recouvrent donc dans leur partie extrême, qui représente le domaine spectral où le SO$_2$ présente des raies d'absorption utilisables. Malheureusement, cette zone présente un inconvénient, car les valeurs ne se recouvrent pas parfaitement et diffèrent d'un ou deux ordres de grandeur.

Une possible explication est la suivante : on sait que l'ozone dit « naturel » (qui n'est pas générée par la pollution) se situe principalement dans la haute atmosphère (stratosphère). Si l'on suppose qu'il n'y a plus rien en dessous d'une altitude A et qu'au dessus on a une décroissance exponentielle régie par une échelle de hauteur L, la concentration d'ozone $C(h)$ est décrite par la loi :

$$C(h) = C_A \times H(h - A) \exp\left\{-\frac{h - A}{L}\right\}$$
(3.1)

où H est la fonction de Heaviside, C_A la concentration à l'altitude A et h l'altitude considérée.

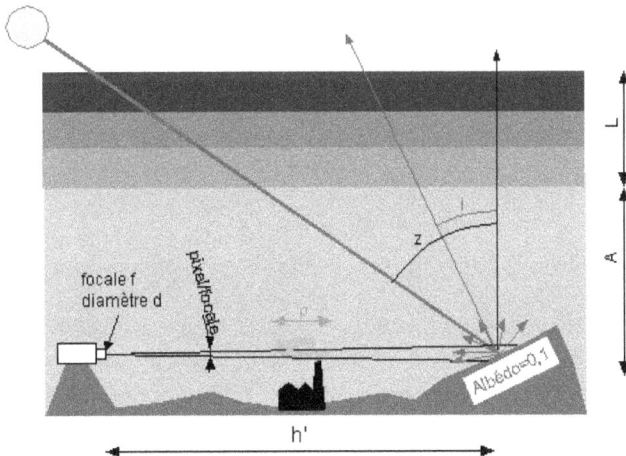

Figure 3.22. Configuration pour l'évaluation de la lumière diffusée par le fond du paysage : z=45°, i=30°, f=18mm, d=5mm, 1 pixel=9 μm et h' quelconque.

Ainsi, l'épaisseur optique verticale $\tau_\perp(\lambda)$ a-t-elle pour expression :

$$\tau_\perp(\lambda) = \chi(\lambda) \int_{h=A}^{\infty} N(h)dh = \chi(\lambda)N_A L \tag{3.2}$$

De même, l'épaisseur optique verticale $\tau_\perp(z,\lambda)$ au dessus d'une altitude quelconque $z>A$ a pour expression

$$\tau_\perp(z,\lambda) = \chi(\lambda)\int_{h=z>A}^{\infty} N(h)dh = (\chi(\lambda)N_A L)\exp\left\{-\frac{z-A}{L}\right\} = \tau_\perp(\lambda)\exp\left\{-\frac{z-A}{L}\right\} \tag{3.3}$$

Il s'en suit que l'altitude $z_1(\lambda)$ pour laquelle l'épaisseur optique verticale est égale à 1 à la longueur d'onde λ doit vérifier :

$$z_1(\lambda) = A + L\ln\{\tau_\perp(\lambda)\} \tag{3.4}$$

Pour rendre compatibles les deux paramètres d'absorption, il suffit de choisir A et L tels qu'ils coïncident sur le domaine de recouvrement qui nous intéresse (figure 3.23).

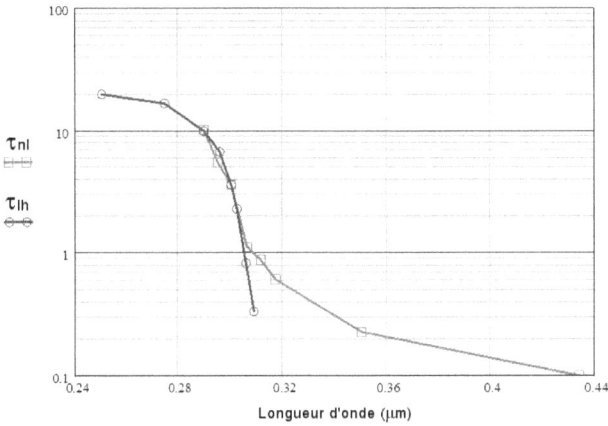

Figure 3.23. Recouvrement des paramètres d'absorption atmosphérique. En bleu, l'épaisseur optique verticale, déduite de l'altitude à profondeur optique 1 pour l'UV lointain, en rouge l'épaisseur optique verticale entre l'UV proche et le visible. Le raccordement se fait en prenant une échelle de hauteur L=9km et un niveau inférieur d'altitude A=10 km en dessous duquel il n'y a pas d'ozone.

L'interpolation de l'ensemble des épaisseurs optiques sur le domaine spectral compris entre 0.27 et 0.35 μm est donnée par la figure 3.24 :

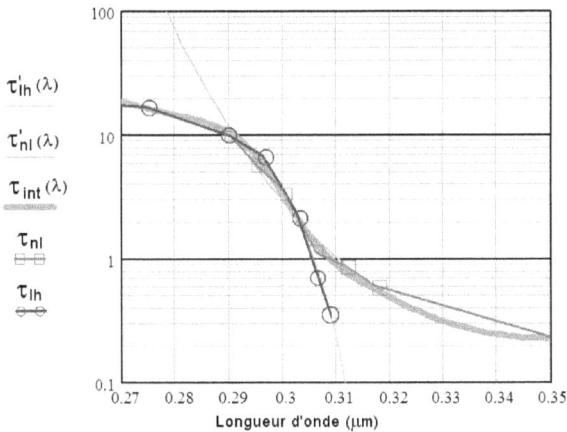

Figure 3.24. Ajustement de l'épaisseur optique de l'atmosphère sur le domaine spectral du SO_2. En vert, l'approximation analytique retenue colle au mieux avec les données de transmission optique choisies comme étant les moins optimistes dans le domaine utile, soit 0,29 à 0,31 μm.

3 Estimation du nombre de photons attendus pour le SO_2.

Effectuons cette estimation pour un paysage dont l'albédo est estimé à 10% (rapport de l'énergie solaire réfléchie par une surface sur l'énergie solaire incidente). Le graphe ci-dessous (figure 3.25) indique le flux solaire en nombre de photons par pixel, par seconde et en micron de bande passante après traversée de l'atmosphère sous 45° d'incidence et sans absorption horizontale si l'on considère que l'ozone est confinée en altitude. Les pixels de la caméra sont donnés pour 6 μm de coté au foyer d'un objectif de 18 mm de focale et de 5 mm de diamètre.

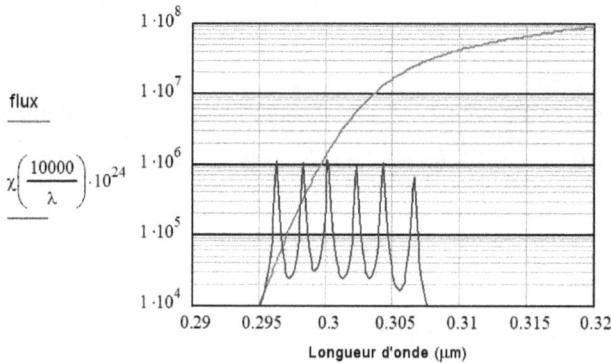

Figure 3.25. Section efficace du NO_2 et flux solaire au niveau du sol. La section efficace (en bleu) a été normalisée afin d'être représentée à la même échelle que le flux solaire (en rouge)

On voit que le filtre sélecteur doit aller de 300 à 310 nm. Mais à cause de la grande transmission relative de l'atmosphère pour des longueurs d'onde supérieures à 310 nm, si on souhaite avoir un peigne de raies bien équilibré, il faut décaler le centre du filtre vers l'UV comme on le voit sur les figures 3.26 et 3.27.

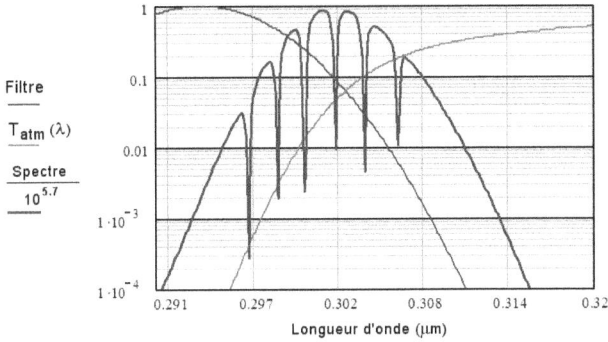

Figure 3.26. Profil du spectre d'absorption du SO$_2$, superposé au profil du filtre d'entrée (bleu) et à la transmission atmosphérique (rouge) - échelle logarithmique.

Le filtre d'entrée, présentant un maximum de transmission décalé par rapport aux raies pertinentes du SO$_2$, permet de compenser le gradient de la transmission atmosphérique de 295 à 310 nm, et permet d'obtenir finalement un profil de spectre équilibré, comme le montre la figure 3.27.

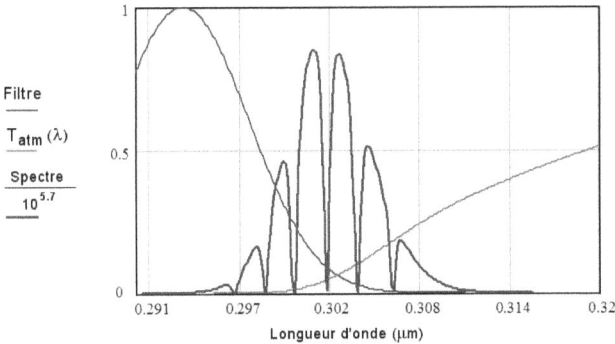

Figure 3.27. Profil du spectre d'absorption du SO$_2$, après multiplication par la transmission du filtre d'entrée (bleu) et par celle de l'atmosphère (rouge).

Le signal obtenu est celui qui arrive sur le bloc de prismes du DIPP, avant la séparation des polarisations et la détection par les capteurs.

On peut aussi calculer le spectre en nombre de photons par micron de bande passante par pixel et par seconde. Le calcul est effectué pour une concentration de SO_2 de 50 mg/m^3 sur 500 mètres de parcours pollué et sans absorption atmosphérique horizontale.

En l'absence d'absorption, le nombre de photons par pixel est de 3350/s et pour la pollution simulée, il devient 2200/s (figure 3.28).

Les cameras CCD au silicium sont sensibles jusqu'à 300 nm et présentent environ 10% de rendement quantique, sauf si elles sont pourvues d'une fenêtre absorbante dans l'UV (fenêtre en verre). De plus, les filtres ne transmettent pas 100% du flux, ce qui réduit encore le rendement final du détecteur. Mais on peut prendre un filtre passe haut (en longueur d'onde), le coté courte longueur d'onde du filtrage étant assuré par l'ozone.

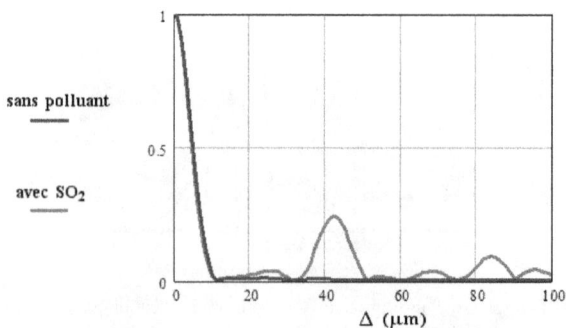

Figure 3.28. Amplitude relative des franges avec la concentration de 50 mg/m^3 sur 500 m en SO_2 (en rouge) et sans SO_2 (en bleu)

En conclusion, la détection du dioxyde de soufre SO_2 dans l'UV semble possible avec des caméras CCD traditionnelles, en utilisant un filtre d'entrée ayant un profil défini le plus finement possible.

Contraintes sur les spectres d'absorption des molécules.

Pour mesurer le dioxyde de soufre SO_2, il faut d'abord s'assurer que les CCD dont nous disposons pour le DIPP sont bien sensibles jusqu'à 300 nm. Il faut aussi trouver un filtre adapté, c'est-à-dire centré autour de 295 nm avec une dizaine de nm de largeur à mi hauteur, ou bien un filtre passe bas dont la longueur d'onde de coupure serait autour de 305 ou de 310 nm.

On remarque aussi que le motif interférentiel est centré sur une différence de marche de 42 microns (figure 3.28), soit assez près de ce qui est l'optimum pour NO_2. On pourrait peut-être exploiter le même bloc interférométrique pour les deux polluants, d'autant plus que l'effet de dispersion chromatique du matériau améliore la compatibilité des paramètres géométriques. Le seul élément à faire permuter serait le filtre interférentiel en entrée. Une roue à filtres motorisée autoriserait cette permutation pour un coût réduit.

Section efficace et coefficient d'absorption.

Rappelons que la section efficace est une grandeur physique correspondant à la surface fictive que devrait avoir une particule cible pour reproduire la probabilité observée de collision avec une autre particule.
Dans notre base de données, elle est exprimée en cm^2/molécule.
Cette valeur est importante car elle est en relation directe avec le coefficient d'absorption qui permettra de déterminer si l'absorption de la lumière par les

molécules sera suffisante pour qu'il y ait une différenciation assez nette avec le spectre solaire.

Le coefficient d'absorption se calcule avec la formule :

$$K = N.\sigma \qquad (3.5)$$

où K est le coefficient d'absorption, N le nombre de molécules polluantes présentes et σ la section efficace (N est en m^{-3}, σ en m^2).

Dans notre étude, le nombre de molécules polluantes présentes correspond à un nuage d'un polluant spécifique d'une longueur de 1000 m. Le calcul du coefficient d'absorption d'un tel nuage permet d'évaluer le seuil de détection dans l'atmosphère avec le DIPP. En effet, si ce coefficient est trop réduit, la lumière n'est pas suffisamment absorbée et l'appareil ne pourra détecter sa présence dans l'atmosphère.

Le calcul du nombre N de molécules polluantes se fait à partir de la formule :

$$N = \frac{(SL)\dfrac{q}{M / N_{Avogadro}}}{S} = \frac{LqN_{Avogadro}}{M} \qquad (3.6)$$

soit :

$$N_{m^2} = 6.02 \times 10^{17} \frac{q_{\mu g / m^3}}{M_g} L_m \qquad (3.7)$$

où S est la surface normale à la direction de propagation qui limite un volume dans lequel sont contenues les molécules polluantes (m²). L est la longueur du nuage de polluant (m), M la masse molaire (g) et q la valeur seuil de concentration en polluant (μg/m^3).

Formule chimique des polluants	Seuil limite d'information pour la population (en μg/ m^3)	Seuil limite pour les usines d'incinération (en mg/ m^3)
SO$_2$	300	50
NO$_2$	200	200
C$_6$H$_6$	5	
0$_3$	180	
HCl		10
CO	10 000	10

Tableau 3.1. Valeur seuil des quantités de polluants (moyennes horaires) [13] [14]

En prenant le méthane pour l'application numérique, la formule 3.7 donne un coefficient égal à 0,301 m^2, ce qui relativement faible. Il sera donc difficile de détecter le méthane avec le DIPP car la valeur de sa section efficace (2.10^{-19} cm^2/molécule) est très faible.

C'est pourquoi, dans notre sélection de polluant, il nous faut choisir des molécules dont la valeur de la section efficace soit égale ou supérieure à 2.10^{-18} cm^2/molécule.

Ainsi le méthane et l'ozone ne sont pas des polluants détectables avec le détecteur interférométrique panoramique de pollution. Entre 40000 et 42000 cm^{-1}, comme vu précédemment, la section efficace de l'ozone est assez importante (environ 1.10^{-17} cm^2/molécule), mais la faible amplitude des franges (les raies régulières du spectre sont difficiles à distinguer) ainsi que le faible rendement des caméras à ces longueurs d'onde interdisent également sa détection par le DIPP.

Formule chimique des polluants	Longueur d'onde (μm)	Section efficace (cm^2/molécule)	Différence de marche (μm)
CH_4	3,25	$0,2.10^{-18}$	1000
NH_3	9,5	$2,5.10^{-18}$	526
CO	4,6	2.10^{-18}	2850
CO_2	4,2	12.10^{-18}	7140
C_6H_6	14	12.10^{-18}	
SO_2	0,3	$1,3.10^{-18}$	42
HCl	3,39	2.10^{-18}	500
HF	2,47	6.10^{-18}	278
O_3	9,7	$0,04.10^{-18}$	
NO_2	0,44	$0,8.10^{-18}$	45

Tableau 3.2. Section efficace de divers polluants, avec leur domaine spectral dans lequel ils absorbent préférentiellement, et différence de marche optimale pour ces longueurs d'onde.

Le Détecteur Interférométrique Panoramique de Pollution est un instrument dont l'efficacité dépend en grande partie de la qualité des caméras qui l'équipent, car les polluants principaux absorbent dans des domaines spectraux très variés, allant de l'ultraviolet à l'infrarouge. Cette diversité nous oblige à tenir compte avec précision de la transmission atmosphérique, elle-même très irrégulière dans ces longueurs d'onde. L'infrarouge étant très absorbé et les caméras souvent chères, il est bon de s'intéresser aux domaines visible et ultraviolet, pour lesquels les détecteurs sont sensibles et plus abordables. Deux polluants atmosphériques sont détectables avec le DIPP : le dioxyde de soufre SO_2, observable dans l'ultraviolet proche malgré une absorption atmosphérique forte, et le dioxyde d'azote NO_2, observable dans le visible à 430 nm.

Ces 2 éléments présentent l'avantage de permettre la même différence de marche du bloc de prismes. Le NO_2 étant plus facilement détectable, c'est celui-ci que nous étudions dorénavant avec le DIPP.

4 Chapitre 4) Acquisition des images

4.1 Logiciel d'acquisition

Le système d'acquisition et de traitement des images fonctionne sur un ordinateur portable, ce qui assure une facilité de déplacement sur les divers sites à étudier.

Le logiciel d'acquisition vidéo a été développé sur VisualC++, et permet à l'utilisateur d'obtenir des images dont les caractéristiques (gain, temps de pose, luminosité et taille) sont paramétrables, en fonction notamment de l'éclairement de la zone à étudier [29].

L'avantage de l'environnement VisualC++ est qu'il permet de créer des logiciels ergonomiques et conviviaux, grâce à l'utilisation de boutons et de curseurs faisant varier les paramètres des images.

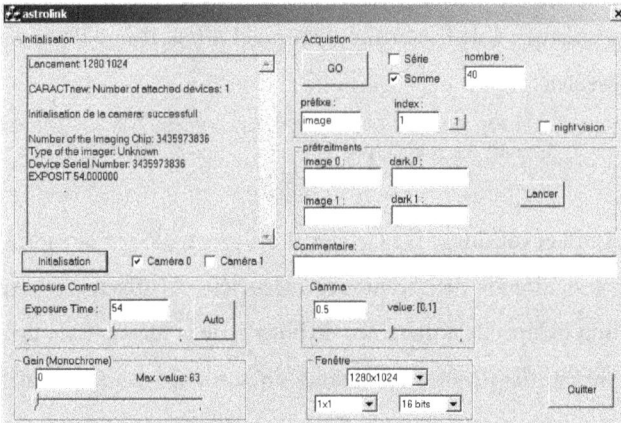

Figure 4.1. Interface du logiciel d'acquisition des images. Les options principales sont les réglages du temps d'exposition et du gain, le choix de basculement entre les 2 caméras (on ne peut piloter qu'une caméra à la fois), et la quantité d'images à acquérir. Une option de prétraitement permet de sommer directement les images successives pour augmenter le rapport signal/bruit.

Les caméras Pixelink étant des caméras CCD fonctionnant en mode vidéo, le temps maximal d'acquisition d'une image est de 400 ms. Le filtre interférentiel centré sur la bande passante du dioxyde d'azote étant très sélectif, et le DIPP divisant le faisceau lumineux en 4 parties, chacune de ces images individuelles est très peu lumineuse, ce qui ne permet pas d'observer des franges d'interférences avec un rapport signal/bruit suffisamment élevé. On réalise donc à chaque acquisition une somme de 40 à 50 images individuelles, avec des temps de pose individuels de 300 à 400 ms, selon l'éclairage de la scène à observer. Le temps de transfert des images individuelles devant aussi être pris en compte, l'acquisition d'une image du DIPP dure au total environ 30 secondes.

4.2 Techniques de prétraitement

Toute image brute acquise avec une caméra CCD (ou plus largement une caméra numérique) est la somme de plusieurs signaux qu'il convient de distinguer.

La valeur numérique **I** de l'intensité d'un pixel d'une image brute est la somme de 3 composantes :

$$I = B + T + L \qquad\qquad (4.1)$$

Le signal d'offset (ou bias) B : Ce signal est provoqué par le capteur CCD lui-même et les circuits électroniques associés. L'offset est en première approximation indépendant du temps de pose et de la température du capteur. Ce signal est présent dans toutes les images en sortie de caméra. L'acquisition de l'offset est réalisée avec l'obturateur de la caméra fermé et avec un temps de pose très bref, ce qui permet d'éviter tout signal lumineux en provenance du paysage à observer et tout signal électronique extérieur, comme le *signal thermique*.

Le signal thermique T: C'est le signal dit *d'obscurité* de la caméra. Ce signal provient de la structure même du CCD, qui sous l'effet de la chaleur ambiante produit un signal parasite, et dépend donc du temps de pose et de la température. C'est une image obtenue avec l'obturateur de la caméra fermé. L'inconvénient que présentent les caméras du DIPP est qu'elles ne sont pas régulées en température, ce qui génère des variations importantes du signal thermique (celui-ci est donc modifié entre 2 images prises à des instants différents). L'acquisition du *dark* juste après l'image de pollution et la médiane d'un grand nombre de poses permet de s'affranchir de ce problème.

La somme offset+thermique est appelée le **dark D** (ou « image de noir », figure 4.2).

Figure 4.2. Image de dark prise par l'une des caméras du DIPP. On voit apparaître des pixels blancs, d'autant plus clairs que le temps de pose est long est que la température est élevée, ainsi que des motifs verticaux caractéristiques des rangées de silicium du capteur.

La contribution lumineuse L : Ce signal est égal à l'éclairement **E** incident arrivant sur le capteur, multiplié par **R**, la réponse de l'instrument tenant compte des poussières, du vignettage et des différences de sensibilité des pixels.

$$L = E \times R \qquad (4.2)$$

La réponse **R** doit être connue avec précision pour quantifier l'éclairement **E**. Pour cela, on réalise une image dans les même conditions que lors des prises de vue de pollution (même orientation des caméras, même focalisation, ...), mais en disposant un écran uniformément blanc devant l'optique d'entrée du DIPP, de telle manière que l'éclairement soit parfaitement constant. On obtient le flat, ou PLU (Plage de Lumière Uniforme), noté **F**.

$$\mathbf{F = Cste \; x \; R} \qquad (4.3)$$

Le flat permet donc de corriger les défauts du système optique que sont les éventuelles traces de poussières et le vignettage. Le flat permet également d'égaliser les différences de sensibilité entre les pixels et d'harmoniser leur réponse.

Le prétraitement

La première partie du prétraitement consiste à supprimer les signaux d'offset et de noir pour ne garder que le signal utile. L'opération est la suivante :

> *image brute – dark = (signal utile + thermique + offset) – (thermique + offset)*
> *= signal utile*

La division de cette dernière image par le flat (lui-même corrigé de son dark) permet de corriger le vignettage et les différences de sensibilité des pixels.

> *image finale = signal utile /*
> *flat*

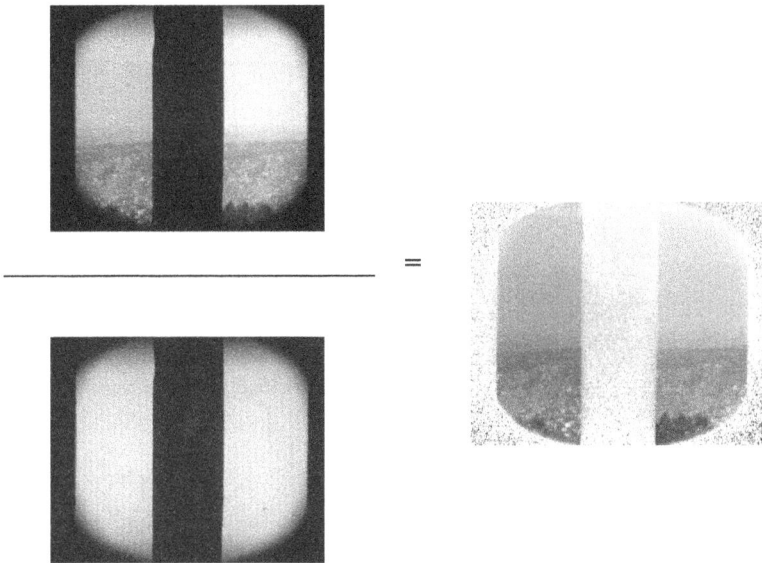

Figure 4.3. Division d'une image par le flat. Une coupe verticale de ces images est visible sur les figures 4.4 (a.b.c)

Sur la figure 4.3, on peut remarquer que le champ est devenu légèrement plus uniforme après la division par le flat. Néanmoins, cette opération ne permet pas d'aplanir entièrement les images, car sur les bords du champ, où l'on divise 2 zones noires ensemble, d'intensité proche de 0, le vignettage ne disparaît pas complètement. Cependant, la zone utile de l'image est globalement située au centre du champ, de sorte que les résidus de la division ne sont pas trop gênants.

Remarques sur le flat : Afin de ne pas introduire de bruit supplémentaire dans l'image finale, l'intensité moyenne du flat doit être supérieure à l'intensité moyenne du signal utile. Il est souvent préconisé d'obtenir une image de flat dont l'intensité moyenne correspondrait environ à 75% de la dynamique de la caméra (>20000 ADU[1]).

---

[1] ADU : Analogic Digital Unit, ou « pas codeur ». C'est l'unité d'intensité des images numériques. Une image codée sur 15 bits possède $2^{15} = 32768$ niveaux d'intensité.

L'image de flat est réalisée avec le filtre interférentiel, dont les défauts génèrent les mêmes franges parasites que sur les images de pleine lumière. La division par le flat va donc éliminer ces franges tout en permettant de faire ressortir les franges d'interférence dues au NO_2.

Deux méthodes peuvent être utilisées pour obtenir le flat.

Pour la 1ère, le flat est réalisé à l'aide d'une lampe à incandescence, dont la partie continue du spectre est semblable au continuum du spectre solaire dans la fenêtre de longueur d'onde du DIPP. (figure 4.4)

Pour la 2è méthode, c'est le Soleil qui sert de source lumineuse. La lumière solaire est directement renvoyée vers le diffuseur après réflexion sur un miroir et a donc traversé la haute atmosphère, ce qui permet théoriquement de supprimer la contribution du NO_2 naturel. La difficulté dans ce cas-là est d'évaluer la proportion du NO_2 issu de la pollution par rapport au NO_2 naturel.

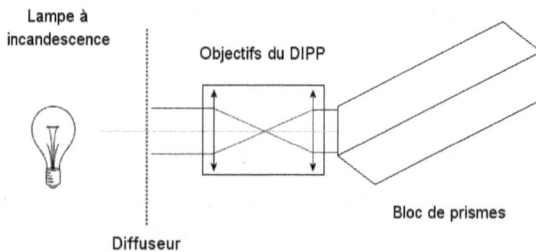

Figure 4.4. Montage réalisé pour obtenir les flats. Le diffuseur permet d'uniformiser la luminosité sur tout le champ.

Les différences de sensibilité sont minimes (1 à 2%) entre 2 pixels voisins, mais sur l'ensemble du capteur, on peut observer des écarts de 5 à 15% de l'intensité. Ces écarts sont encore plus grands lorsque l'on est en présence de vignettage (jusqu'à 100% sur le bord de nos images). En présence d'une telle différence, la division par le flat n'apporte que du bruit, c'est pourquoi on limite nos images aux zones centrales.

On remarque sur la coupe verticale de l'image traitée (figure 4.5.c) que celle-ci présente une luminosité uniforme, sauf dans une moindre mesure dans les parties haute et basse (pixels 100 et 1100), là où le vignettage est plus fort. Dans ces dernières zones, la division par le flat génère d'avantage de bruit (division par des valeurs proches de 0), donc elles seront évitées lors de l'analyse des images. Ce bruit n'est pas très apparent sur ce graphique, mais il est d'avantage présent sur les images 2D.

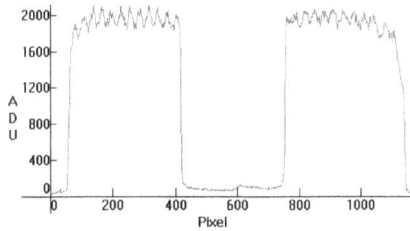

Figure 4.5a. Coupe horizontale d'une image de flat obtenue à l'aide d'une lampe à incandescence. En ordonnée est représentée l'intensité du pixel, en ADU (Analog to Digital Unit)

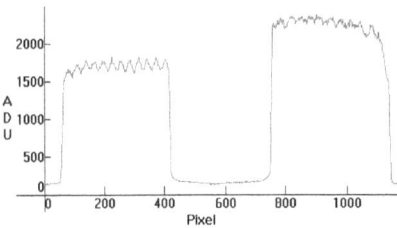

figure 4.5b. Coupe horizontale d'une image non corrigée du flat

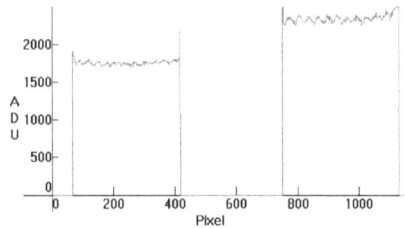

figure 4.5c. Coupe d'une image corrigée du flat

Effets de polarisation

On remarque aussi (figure 4.6) que les 2 parties de l'image présentent une différence de luminosité moyenne, qui n'est pas présente sur les flats. Cette différence est due au fait que la lumière solaire éclairant un paysage est polarisée, avec une polarisation d'autant plus forte que le Soleil éclaire le paysage selon une incidence normale à la direction d'observation. Cette polarisation entraîne donc un assombrissement de certaines images. Cependant, la manipulation finale de chaque couple d'images permet de s'affranchir de ce défaut, car les images prises 2 à 2 subissent la même extinction. Il n'y a jamais d'extinction totale car la polarisation n'est que partielle, à cause, entre autre, de la dépolarisation due à la diffusion multiple.

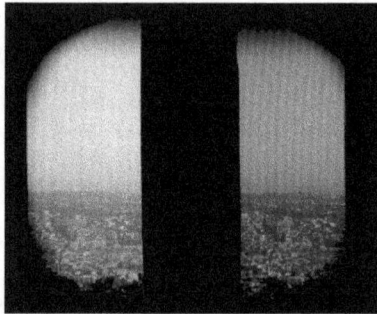

Figure 4.6. Effet de la polarisation de la lumière solaire. Certaines images subissent un léger assombrissement.

Déséquilibre de la séparatrice

Les équations de propagation de l'intensité lumineuse ont été établies en considérant que les coefficients de transmission et de réflexion de la séparatrice étaient parfaitement identiques.

Mais il peut arriver que celle-ci soit légèrement déséquilibrée, ce qui peut provoquer une légère perte d'intensité sur les sorties en polarisation perpendiculaire, comme celle que l'on observe sur la figure 4.6.

Cependant, les flats réalisés en laboratoire à l'aide d'une lampe à incandescence ne font pas apparaître ce déséquilibre, qui semble donc n'être dû qu'à des différences de polarisation par l'atmosphère terrestre.

Sommation des images :

Chacune des 4 images individuelles est très peu lumineuse, à cause de la sensibilité de la caméra et de la faible bande passante du filtre (environ 25 nm), c'est pourquoi le rapport signal/bruit des franges d'interférences est très faible. Il convient donc, puisqu'on ne peut pas augmenter le temps de pose de ces caméras, d'obtenir une suite ininterrompue d'images (de 30 à 40), que l'on somme en fin d'acquisition.

Cette sommation permet d'augmenter la dynamique du signal (figure 4.7), et est effectuée non seulement pour les images de pleine lumière, mais aussi pour les images de dark, qui doivent être réalisées dans les mêmes conditions de température. La médiane de ces images permet également de diminuer le bruit, mais la dynamique de l'image résultante (10 bits) ne permet alors pas d'effectuer des mesures photométriques de grande précision.

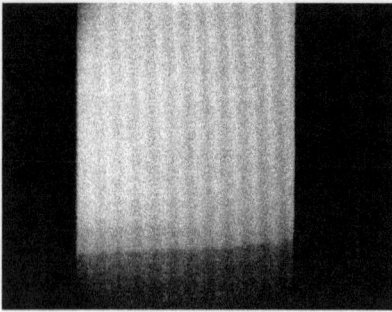

Image individuelle | somme de 20 images individuelles

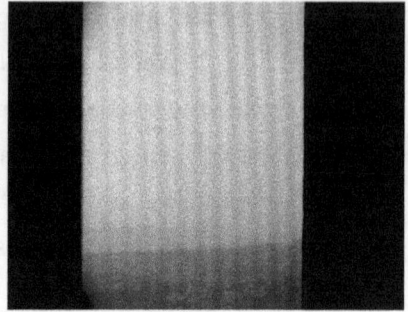

Figure 4.7. Effets de la sommation des images. L'image résultante (droite) a un rendu plus lisse et un bruit plus faible.

Le prétraitement des images (soustraction du dark et division par le flat) est effectué par le logiciel d'acquisition décrit au chapitre 4.1, ou bien encore par le logiciel Iris, programme gratuit développé par Christian Buil pour les astronomes amateurs, et qui est plus rapide pour le prétraitement des images [8].

Images de calibration :

Le grand nombre de dioptres optiques traversés par les différents faisceaux génèrent des distorsions géométriques sur les images des 2 caméras (les prismes de Wollaston ainsi que les objectifs des caméras introduisent respectivement des dilatations et des déformations en barillet; seules les lames à faces parallèles du bloc de prismes du DIPP ne génèrent pas de distorsion). Les opérations arithmétiques entre les 4 images imposent de corriger efficacement ces déformations, afin de superposer au mieux les images entre elles. Pour cela, il est impératif de photographier à l'aide du DIPP une grille de points, dont la disposition sur chaque image permet de déterminer les distorsions affectant les faisceaux lumineux. La correction de ces distorsions est alors effectuée grâce à un calcul de moindres carrés (Chapitre V).

84

La détection des points de la grille est réalisée par un algorithme de simplex, que j'ai adapté dans un programme écrit en Pascal. Les logiciels (Avisview, Astroart,…) utilisés par les astronomes amateurs pour détecter automatiquement les étoiles (assimilables aux points d'une grille) fonctionnent également, mais sont d'une efficacité moindre (la superposition des images corrigées de la distorsion montre des légers résidus). Cependant, à la précision que nous recherchons, l'efficacité des logiciels du commerce est bien suffisante. La description de ces opérations est définie au chapitre 5.

Figure 4.8. Image de la grille de points utilisée pour la correction des distorsions géométriques.

4.3 Etalonnage du DIPP

Afin de vérifier le fonctionnement du DIPP, il a été nécessaire de le tester en présence d'une quantité connue de NO_2. Une préparation à base de cuivre et d'acide nitrique a été utilisée dans une cuve fermée, dans une pièce isolée. L'obscurité a ainsi été obtenue, afin de ne pas perturber les mesures par la présence du NO_2 naturellement contenu dans l'atmosphère terrestre. La source de lumière était une lampe blanche à incandescence. Diverses concentrations de NO_2 ont ainsi été obtenues et mesurées. La figure 4.9 correspond à la coupe horizontale de l'une des 4 images du DIPP.

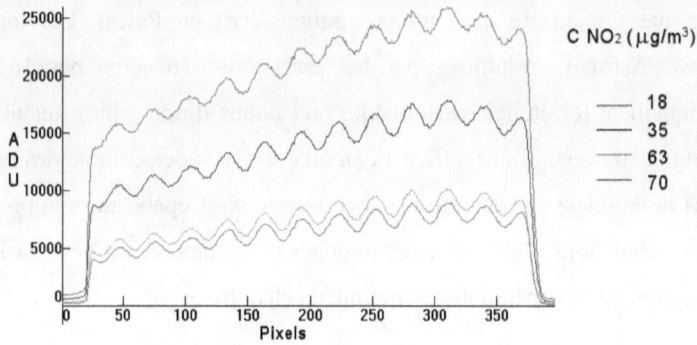

Figure 4.9. Profil des franges pour diverses concentrations de NO_2 (en $\mu g/m^3$). Les courbes ont été obtenues en sommant plusieurs lignes afin d'améliorer d'avantage le rapport signal sur bruit.

La quantité de cuivre intervenant dans la réaction a été mesurée avec une balance de précision, afin de déterminer la quantité de NO_2 dégagée dans l'enceinte. Cependant, tous les copeaux de cuivre, même finement taillés, ne réagissent pas avec l'acide nitrique, donc la concentration de NO_2 n'a pu être connue avec une grande précision, d'autant que pour réaliser l'expérience, il a fallu entrouvrir la cuve, donc une certaine quantité de gaz a pu s'échapper. Finalement, l'incertitude sur la concentration de NO_2 dans la cuve est de l'ordre de 5%.

Les quatre images ont été réalisées avec le même temps de pose, ce qui permet de superposer directement sur la figure 4.9 les profils obtenus. On observe la chute importante du continuum, due à l'absorption plus importante par le nuage de NO_2.

A l'issue de cette expérience, nous avons pu également constater que le contraste des franges observées par le DIPP augmente avec la quantité de dioxyde d'azote présente dans l'enceinte, ce qui correspondait bien au résultat attendu.

5 Chapitre 5) Correction des distorsions géométriques des images

5.1 Les distorsions géométriques

5.1.1 Préambule

Les distorsions géométriques des images du DIPP proviennent, comme dans tout appareil photographique, de l'optique traversée par les faisceaux lumineux. L'une des contributions les plus importantes provient du prisme de Wollaston placé en sortie de l'instrument pour séparer les polarisations, qui induit une dilatation latérale d'environ 10% entre les deux images d'une même caméra (figure 5.1).

Une autre source de distorsions vient du fait que le DIPP est équipé de deux caméras. Pour manipuler chacune des 4 images, il faut que les caméras soient parfaitement alignées, et orientées de la même façon face au paysage. La rotation des images est donc également indispensable avant leur manipulation. Le moindre angle résiduel entre les deux caméras est facilement repéré lors de la soustraction des images deux à deux.

La troisième source majeure de distorsions géométriques vient de l'optique des caméras, ainsi que des lentilles du collimateur du DIPP. Ces lentilles de courte focale entraînent souvent des distorsions en barillet ou en coussinet, typiques des objectifs photographiques très ouverts.

Comme les deux images acquises par chaque caméra sont distribuées sur une grande surface utile du capteur, il faut tenir compte de ces distorsions pour les superposer correctement.

Heureusement, dans le cas du DIPP, ce type de distorsion semble moins prépondérant dans la mesure où le diaphragme de champ réduit fortement ces aberrations, en ne sélectionnant qu'une zone étroite au centre de l'image.

Ces trois types de distorsions (figure 5.2) sont aisés à corriger, comme nous allons le voir un peu plus loin.

Il subsiste aussi un défaut inhérent à tout système présentant de multiples images : après découpage de chacune d'entre elles, il est nécessaire d'effectuer des translations pour faire coïncider au mieux leurs pixels. Cette manipulation, même si elle demande de la précision, est cependant extrêmement aisée.

Figure 5.1. Différence entre 2 images non corrigées des distorsions. Les images ont été décalées latéralement afin d'être superposées au mieux sur leur partie gauche. On remarque essentiellement (à droite de l'image) la dilatation horizontale des images induite par le prisme de Wollaston.

a.Dilatation   b.Rotation

c.Distorsion en barillet   d.Somme de toutes les distorsions

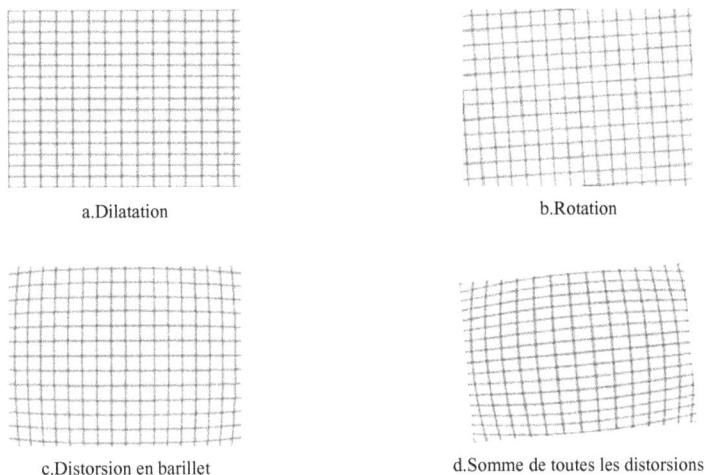

Figure 5.2. Application des divers types de distorsions rencontrées dans les images du DIPP. L'image initiale est une grille de carrés. L'image finale, en bas à droite, correspond à la somme des distorsions principales de l'optique du DIPP (seule la dilatation horizontale n'a pas été exagérée lors de cette simulation, les autres types de distorsion étant faibles).

Soit une image Ia de référence, et une image Ib déformée par les défauts de l'optique que nous voulons additionner à l'image Ia.

Soit un point de référence $A(x_a, y_a)$ de l'image Ia, et le point correspondant $B(x_b, y_b)$ de l'image Ib. Un déplacement géométrique amène le point $B(x_b, y_b)$ au point $B'(x_{b'}, y_{b'})$.

La correction des distorsions géométriques consiste à minimiser la distance entre le point $A(x_a, y_a)$ de l'image Ia et le point $B'(x_{b'}, y_{b'})$ de l'image Ib (figure 5.3).

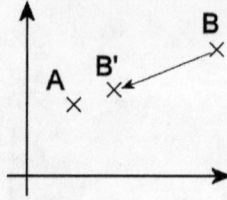

Figure 5.3. Représentation schématisée de la correction des distorsions géométriques. Le but est de minimiser la distance (A-B').

Les déplacements, en abscisse et en ordonnée, peuvent être modélisés par une fonction des coordonnées x et y. Un tel polynôme, de degré 2, s'écrit :

$$x_{b'} = a + bx_b + cx_b^2 + dy_b + ey_b^2 + fx_by_b$$
$$y_{b'} = a' + b'x_b + c'x_b^2 + d'y_b + e'y_b^2 + f'x_by_b \qquad (5.1)$$

Pour chacun des déplacements, le polynôme de distorsion peut s'écrire sous la forme générale :

$$P = \sum_{i=0}^{n} \sum_{j=0}^{n-i} a_{ij} x^j y^i \qquad (5.2)$$

où n est le degré du polynôme de distorsion. Pour corriger les distorsions géométriques à mieux que le $5^{\text{ème}}$ de pixel près, un polynôme de degré 2 est suffisant. Cependant, il arrive que les objectifs des caméras ne soient pas parfaits, de même que les lentilles du DIPP, ce qui peut générer des distorsions d'ordre supérieur. Certaines zones du paysage étant parfois très contrastées, la différence de 2 images peut alors laisser subsister des détails résiduels, c'est pourquoi une correction des distorsions de degré 3 ou 4 peut apporter quelques améliorations.

5.1.2 Types de distorsions géométriques :

Un système optique non parfait peut introduire plusieurs types de distorsions géométriques sur les images, selon que les dioptres sont des lentilles, des miroirs ou des prismes.

- **Translation :**

Elle est définie par une fonction affine, de degré 1 :

$$X = x + a$$
$$Y = y + b \tag{5.3}$$

soit encore :

$$\begin{pmatrix} X \\ Y \end{pmatrix} = \begin{pmatrix} 1 & 0 & a \\ 0 & 1 & b \end{pmatrix} \begin{pmatrix} x \\ y \\ 1 \end{pmatrix} \tag{5.4}$$

- **Rotation :**

Elle s'exprime par une matrice de rotation, définissant un polynôme de degré 1 :

$$\begin{pmatrix} X \\ Y \end{pmatrix} = \begin{pmatrix} \cos(\theta) & -\sin(\theta) \\ \sin(\theta) & \cos(\theta) \end{pmatrix} \begin{pmatrix} x \\ y \end{pmatrix} \tag{5.5}$$

- **Dilatation :**

Elle est définie par une fonction linéaire des coordonnées :

$$X = ax$$
$$Y = by \tag{5.6}$$

soit :

$$\begin{pmatrix} X \\ Y \end{pmatrix} = \begin{pmatrix} a & 0 \\ 0 & b \end{pmatrix} \begin{pmatrix} x \\ y \end{pmatrix} \tag{5.7}$$

- **Distorsion en barillet :**

Tout comme la distorsion en coussinet, c'est une distorsion radiale, qui ne dépend que de la distance par rapport au centre du trajet optique. Elle est faible sur les images du DIPP et peut être décrite en première approximation par un polynôme de degré 3, dont les termes sont les suivants :

$$\begin{pmatrix} X \\ Y \end{pmatrix} = \begin{pmatrix} 0 & a & b & 0 & 0 & c \\ a & 0 & 0 & b & c & 0 \end{pmatrix} \begin{pmatrix} x \\ y \\ x^2 y \\ xy^2 \\ x^3 \\ y^3 \end{pmatrix} \tag{5.8}$$

Les corrections de distorsions en barillet ou en coussinet peuvent être décrites par des polynômes de degré plus élevé, mais ceux-ci ont la particularité de ne présenter que des termes de degré impair. C'est pourquoi un polynôme de degré 4, même s'il décrit très bien les distorsions vues précédemment, n'apporte pas plus de précision qu'un polynôme de degré 3, et n'est donc pas très efficace pour corriger ces dernières distorsions. L'ensemble des corrections peut donc être effectué avec précision à l'aide d'un polynôme de degré 3.

5.1.3 Correction des distorsions grâce à la méthode des moindres carrés :

Il s'agit de minimiser les différences entre la position des points mesurée après distorsion et leur position réelle. On procède indifféremment selon les 2 coordonnées X-x et Y-y.

La procédure suivante décrit la minimisation d'une distorsion décrite par un polynôme de degré 2. On commence par corriger les écarts en ordonnées entre l'image de référence, choisie comme étant la 1ère image de la caméra N°1 du DIPP, et l'image distordue :

$$\sum_{i=1}^{N}(Y_i - y_i)^2 = \sum_{i=1}^{N}(Y_i - (a_0 + a_1 x_i + a_2 x_i^2 + a_3 y_i + a_4 y_i^2 + a_5 x_i y_i))^2 \qquad (5.9)$$

La somme est effectuée sur tous les points i de la grille. Dans la suite, par souci de simplicité, nous n'écrirons plus les indices i des points (x,y).

Les paramètres du problème sont les coefficients a_n, il faut donc dériver cette équation selon chaque variable. On minimise cet écart, donc les dérivées obtenues sont nulles :

$$\partial a_0 = 2\sum (-Y_i + a_0 + a_1 x + a_2 x^2 + a_3 y + a_4 y^2 + a_5 xy) = 0$$
$$\partial a_1 = 2\sum x\,(-Y_i + a_0 + a_1 x + a_2 x^2 + a_3 y + a_4 y^2 + a_5 xy) = 0$$
$$\partial a_2 = 2\sum x^2(-Y_i + a_0 + a_1 x + a_2 x^2 + a_3 y + a_4 y^2 + a_5 xy) = 0 \qquad (5.10)$$
$$\partial a_3 = 2\sum y\,(-Y_i + a_0 + a_1 x + a_2 x^2 + a_3 y + a_4 y^2 + a_5 xy) = 0$$
$$\partial a_4 = 2\sum y^2\,(-Y_i + a_0 + a_1 x + a_2 x^2 + a_3 y + a_4 y^2 + a_5 xy) = 0$$
$$\partial a_5 = 2\sum xy\,(-Y_i + a_0 + a_1 x + a_2 x^2 + a_3 y + a_4 y^2 + a_5 xy) = 0$$

La distributivité de la somme nous mène à :

$$
\begin{aligned}
&\sum a_0 &&+ a_1\sum x &&+ a_2\sum x^2 &&+ a_3\sum y &&+ a_4\sum y^2 &&+ a_5\sum xy &&= \sum Y_i\\
&a_0\sum x &&+ a_1\sum x^2 &&+ a_2\sum x^3 &&+ a_3\sum xy &&+ a_4\sum xy^2 &&+ a_5\sum x^2 y &&= \sum Y_i\, x\\
&a_0\sum x^2 &&+ a_1\sum x^3 &&+ a_2\sum x^4 &&+ a_3\sum x^2 y &&+ a_4\sum x^2 y^2 &&+ a_5\sum x^3 y &&= \sum Y_i\, x^2\\
&a_0\sum y &&+ a_1\sum xy &&+ a_2\sum x^{2y} &&+ a_3\sum y^2 &&+ a_4\sum y^3 &&+ a_5\sum xy^2 &&= \sum Y_i\, y\\
&a_0\sum y^2 &&+ a_1\sum xy^2 &&+ a_2\sum x^2 y^2 &&+ a_3\sum y^3 &&+ a_4\sum y^4 &&+ a_5\sum xy^3 &&= \sum Y_i\, y^2\\
&a_0\sum xy &&+ a_1\sum x^2 y &&+ a_2\sum x^3 y &&+ a_3\sum xy^2 &&+ a_4\sum xy^3 &&+ a_5\sum x^2 y^2 &&= \sum Y_i\, xy
\end{aligned}
\qquad (5.11)
$$

La matrice obtenue peut s'écrire sous la forme :

$$
\begin{pmatrix}
N & \sum x & \sum x^2 & \sum y & \sum y^2 & \sum xy \\
\sum x & \sum x^2 & \sum x^3 & \sum xy & \sum xy^2 & \sum x^2 y \\
\sum x^2 & \sum x^3 & \sum x^4 & \sum x^2 y & \sum x^2 y^2 & \sum x^3 y \\
\sum y & \sum xy & \sum x^2 y & \sum y^2 & \sum y^3 & \sum xy^2 \\
\sum y^2 & \sum xy^2 & \sum x^2 y^2 & \sum y^3 & \sum y^4 & \sum xy^3 \\
\sum xy & \sum x^2 y & \sum x^3 y & \sum xy^2 & \sum xy^3 & \sum x^2 y^2
\end{pmatrix}
\begin{pmatrix}
a_0 \\ a_1 \\ a_2 \\ a_3 \\ a_4 \\ a_5
\end{pmatrix}
=
\begin{pmatrix}
\sum Y_i \\ \sum Y_i x \\ \sum Y_i x^2 \\ \sum Y_i y \\ \sum Y_i y^2 \\ \sum Y_i xy
\end{pmatrix}
\qquad (5.12)
$$

La résolution du système par la méthode du pivot de Gauss nous donne la valeur des paramètres a_n, qui définissent les distorsions géométriques subies par les images.

Cette matrice permet donc de modifier les coordonnées de chaque point de l'image distordue afin des les faire correspondre aux coordonnées de l'image de référence.

Cependant, toute image peut être considérée comme un tableau de pixels indexés par des valeurs entières. Les paramètres a_n étant décimaux, on obtient un ensemble de coordonnées non entières, de sorte qu'il faudra interpoler les valeurs ainsi obtenues pour avoir des pixels entiers. Cet effet est représenté par la figure 5.4.

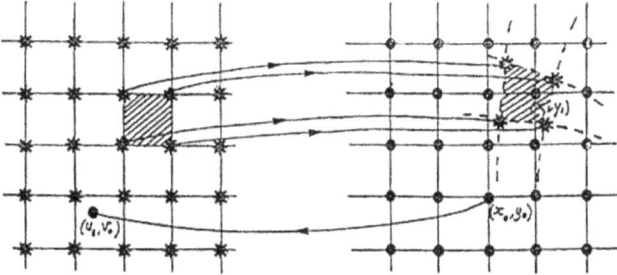

Figure 5.4. Illustration d'une distorsion géométrique. Les points obtenus ne se retrouvent pas sur des pixels entiers.

Les problèmes inverses :

On appelle « problème inverse » l'estimation des paramètres décrivant un système physique, étant donnés les résultats de certaines mesures.

L'interpolation est donc un problème inverse, car les images obtenues sont déjà affectées des distorsions géométriques induites par le DIPP. On réalise alors le problème inverse de la distorsion en considérant, au contraire des calculs précédents, que l'image de référence devient l'image distordue, et inversement. Cette astuce mathématique ne modifie en rien la méthode de résolution de la matrice.

5.2 Méthodes d'interpolation

Dans cette partie, nous allons utiliser comme exemple une image de dimensions 3x3 (figure 5.5) représentée en élévation pour illustrer les performances des différents types d'interpolation. L'image sera rééchantillonnée à une dimension de 45x45 pixels selon chacune des techniques décrites : la méthode du plus proche voisin, l'interpolation bilinéaire et les interpolations d'ordre supérieur.

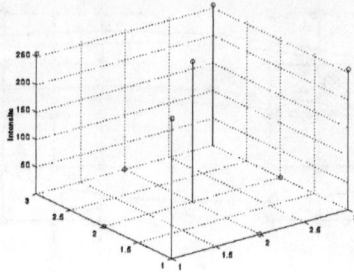

Figure 5.5. Image 3x3 de référence. Les pixels de l'image sont représentés par les petits points isolés.

1) Méthode du plus proche voisin : La valeur du pixel le plus proche est affectée au pixel considéré.

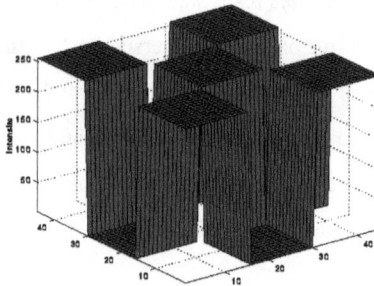

Figure 5.6. Image interpolée au sens des plus proches voisins. Autour de chaque pixel de l'image originale, les pixels interpolés ont la même intensité (ici, 0 ou 250).

Cette méthode ne permet pas d'obtenir une résolution meilleure que le pixel, mais conserve relativement bien la photométrie lorsque les distorsions géométriques ne sont pas trop importantes.

Cependant, la correction des images du DIPP impose une correction géométrique à mieux que le pixel près, donc cette interpolation est abandonnée.

2) Interpolation bilinéaire :

Elle consiste à attribuer au pixel considéré une combinaison linéaire des 4 pixels les plus proches. Cette méthode permet un rendu plus doux que l'interpolation au sens du plus proche voisin, car elle atténue l'effet d'*aliasing* (effet de pixellisation sur le bord des objets, appelé aussi crénelage).

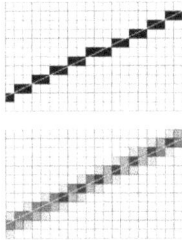

Figure 5.7. Effet d'aliasing (en haut) et interpolation bilinéaire (en bas)

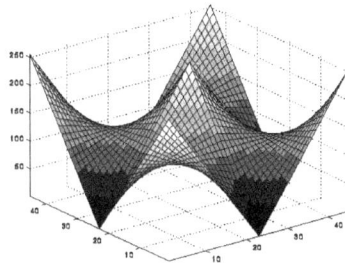

Figure 5.8. interpolation bilinéaire.

Les pixels consécutifs de l'image 3x3 originale ont des intensités extrêmes (de 0 à 250 ADU), ce qui explique que la figure 5.8 soit si déformée. Dans les images du DIPP, les pixels proches ne sont pas aussi différents entre eux, c'est pourquoi l'interpolation bilinéaire donne des gradients d'intensité moins importants et un rendu plus doux.

3) Interpolations d'ordres supérieurs :

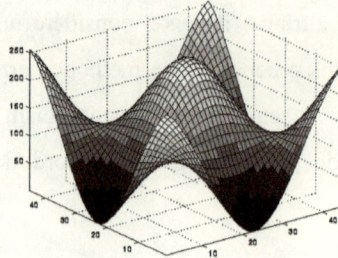

Figure 5.9. Interpolation bicubique

L'interpolation bicubique. C'est une interpolation d'ordre 3 qui permet d'attribuer à un pixel une combinaison linéaire des 12 pixels voisins. On tient donc compte non seulement de l'intensité des 4 pixels les plus proches, mais aussi des gradients en introduisant les tangentes à ces pixels. Cela a pour conséquence la création de niveaux d'intensité intermédiaires (comme dans une moindre mesure en interpolation bilinéaire), mais aussi l'augmentation de la dynamique au niveau des valeurs limites (discontinuité sombre/brillant). Cette dernière conséquence peut nous pénaliser parfois.

Finalement, la méthode de l'interpolation bilinéaire semble un bon compromis entre résolution spatiale et conservation de la photométrie.

5.3 Effet du Jacobien sur la photométrie

Prenons une image décrite dans l'espace de coordonnées (x,y) affectée de distorsions décrites par des fonctions continues $X(x, y)$ et $Y(x, y)$

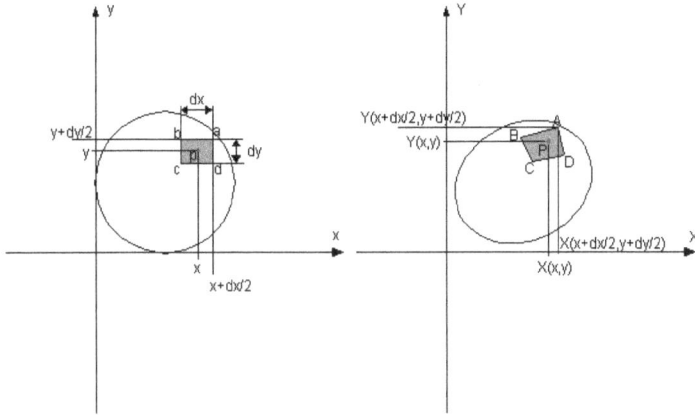

Figure 5.10. A gauche l'objet tel qu'il apparaît sur l'image non distordue, à droite, tel qu'il apparaît après les distorsions.

La distribution d'éclairement $f(x,y)$ de l'objet se transforme dans l'espace (X,Y) en $F(X,Y)$ telle que la puissance élémentaire $dW = f(x, y)dxdy$ collectée par le petit élément de surface $dxdy$ du rectangle abcd, centré sur un point p, se retrouve dans l'image ABCD de ce rectangle qui entoure l'image P de p. Si dS est la surface de ce quadrilatère, on doit avoir :

$$dW = f(x, y)dxdy = F(X, Y)dS \qquad (5.13)$$

Calculons dS en notant :

$$\alpha = \frac{\partial X(x, y)}{\partial x}\frac{dx}{2} \qquad \beta = \frac{\partial X(x, y)}{\partial y}\frac{dy}{2} \qquad \mu = \frac{\partial Y(x, y)}{\partial x}\frac{dx}{2} \qquad v = \frac{\partial Y(x, y)}{\partial y}\frac{dy}{2} \qquad (5.14)$$

99

Les coordonnées des point A,B, C et D s'expriment à partir de ces paramètres.

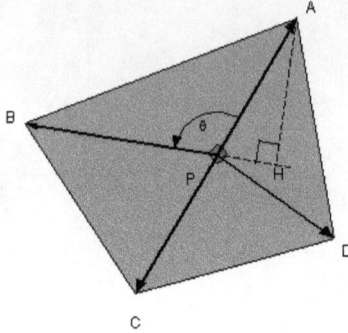

Figure 5.11. Evaluation de la surface du quadrilatère ABCD.

La surface du triangle PAB a pour expression :

$$S_{PAB} = \frac{1}{2} PB \times AH = \frac{1}{2} PB \times PA \sin(\theta) = \frac{1}{2} \left| \overrightarrow{PA} \wedge \overrightarrow{PB} \right| \tag{5.15}$$

La surface du quadrilatère est la somme des surfaces des quatre triangles, cela conduit à :

$$dS = \frac{1}{2} \left| (\overrightarrow{PA} \wedge \overrightarrow{PB} + \overrightarrow{PB} \wedge \overrightarrow{PC} + \overrightarrow{PC} \wedge \overrightarrow{PD} + \overrightarrow{PD} \wedge \overrightarrow{PA}) \right| = \frac{1}{2} \left| \overrightarrow{PB} \wedge (\overrightarrow{PC} - \overrightarrow{PA}) + \overrightarrow{PD} \wedge (\overrightarrow{PA} - \overrightarrow{PC}) \right|$$

$$dS = \frac{1}{2} \left| \left[(\overrightarrow{PB} - \overrightarrow{PD}) \wedge (\overrightarrow{PC} - \overrightarrow{PA}) \right] \right| = \frac{1}{2} \left| \overrightarrow{DB} \wedge \overrightarrow{AC} \right| \tag{5.16}$$

Les vecteurs $\overrightarrow{DB}$ et $\overrightarrow{AC}$ ont respectivement pour composantes :

100

$$-2(\alpha - \beta) \quad \text{et} \quad -2(\alpha + \beta)$$
$$-2(\mu - \nu) \qquad\qquad -2(\mu + \nu) \tag{5.17}$$

Le calcul du produit vectoriel conduit à :

$$dS = \frac{1}{2}(-2)(-2)[(\alpha - \beta)(\mu + \nu) - (\alpha + \beta)(\mu - \nu)] = 4(\alpha\mu - \beta\nu)$$

$$dS = 4\left[\left(\frac{\partial X}{\partial x}\frac{dx}{2}\right)\left(\frac{\partial Y}{\partial y}\frac{dy}{2}\right) - \left(\frac{\partial X}{\partial y}\frac{dy}{2}\right)\left(\frac{\partial Y}{\partial x}\frac{dx}{2}\right)\right] = dxdy\left(\frac{\partial X}{\partial x}\frac{\partial Y}{\partial y} - \frac{\partial X}{\partial y}\frac{\partial Y}{\partial x}\right) \tag{5.18}$$

Ainsi, passe-t-on de l'éclairement $f(x,y)$ à celui dans l'image distordue $F(X,Y)$ par

$$F(X,Y) = \frac{f(x,y)dxdy}{dS} \tag{5.19}$$

soit :

$$f(x,y) = F(X,Y)\left(\frac{\partial X}{\partial x}\frac{\partial Y}{\partial y} - \frac{\partial X}{\partial y}\frac{\partial Y}{\partial x}\right) = F(X,Y)J(x,y) \tag{5.20}$$

où $J(x,y) = \left(\frac{\partial X}{\partial x}\frac{\partial Y}{\partial y} - \frac{\partial X}{\partial y}\frac{\partial Y}{\partial x}\right)$ est le jacobien du changement de coordonnées.

L'application numérique à partir des matrices de distorsion montre que ce terme correctif est très proche de 1.

En fin de compte, l'interpolation bilinéaire donne les meilleurs résultats, et reste un bon compromis entre les conservations de photométrie et de résolution spatiale. C'est donc cette méthode que nous utilisons pour corriger les distorsions géométriques des images du DIPP.

Figure 5.12a. Avant la correction géométrique (somme de 2 images)

Figure 5.12b. Images après correction (soustraction de 2 images)

Les figures ci-dessus rendent compte de l'efficacité des corrections des distorsions. La figure 5.12a représente la superposition de l'image déformée de la grille de points et de l'image de référence. On remarque essentiellement la dilatation des images, générée par le prisme de Wollaston en sortie de l'appareil. La figure 5.12b est la différence des 2 images de la grille de points, la 2è étant corrigée par la méthode des moindres carrés et l'interpolation bilinéaire. Le polynôme utilisé ici est de degré 3, ce qui permet une correction au dixième de pixel près (voir tableau 5.1 page 73). Des polynômes de degré plus élevé permettent de meilleures corrections [25], mais l'amélioration est faible pour un temps de calcul plus long. Nous nous limitons donc à des polynômes de degré 3.

On remarque dans le coin inférieur droit de légers résidus de corrections, qui sont dus à des différences de focalisation en bord de champ et qui ne sont pas modélisables par moindres carrés. On suppose que ces imperfections ne se produisent qu'à des fréquences spatiales élevées (influence sur quelques pixels proches), et ne perturbent pas trop la mesure sur les franges d'interférence, dont les échelles sont de l'ordre d'une quinzaine de pixels. Une solution pour éviter ces aberrations serait de diaphragmer davantage le champ (au détriment de la luminosité). Cependant, comme l'essentiel du champ couvert par le DIPP n'est heureusement pas pourvu de telles aberrations, cette mesure sera secondaire.

Application aux images de pollution :

Il s'agit avec le DIPP d'observer un paysage, urbain par exemple, dans lequel se trouvent diverses infrastructures, comme des immeubles d'habitations. Ces éléments du champ sont parfois très fins et contrastés, de sorte que la moindre aberration de distorsion ou de focalisation qui serait mal corrigée par l'interpolation ressorte d'avantage. Cela aurait alors pour effet de produire un paysage non parfaitement uniforme lors de la soustraction des 2 images. Cet effet sera minimisé en diaphragmant les objectifs de la caméra. Il s'agit alors de trouver un compromis entre le rapport signal sur bruit et la correction des aberrations pour ne pas perdre trop de luminosité.

Figure 5.13. Somme de 2 images en opposition de phase

Des franges résiduelles semblent apparaître sur l'image, mais leur contraste est inférieur à 10^{-3}, et ne devraient donc pas perturber les mesures. Peut-être sont-elles dues à la division par le flat, qui semble très critique. Comme nous l'avons vu dans le paragraphe 2.5, ce signal résiduel peut être du à un éventuel défaut de la lame séparatrice (une perte d'énergie lors de son franchissement), mais cette contribution devrait être plus importante même dans le cas le plus défavorable. Cette constatation a été faite également sur les images de l'instrument SYMPA, développé en parallèle dans l'équipe.

Il semble aussi que la correction des distorsions géométriques puisse expliquer en grande partie que des franges résiduelles subsistent.

Une autre raison pouvant expliquer la présence de légères franges résiduelles sur les sommes d'images est le fait que l'incidence des rayons lumineux du Soleil modifie la polarisation atmosphérique. Il peut donc y avoir des effets résiduels qui demeurent lors de la manipulation des images. On peut alors décider d'utiliser pour le traitement des flats obtenus grâce à la lumière solaire, en ayant pris soin de diffuser cette lumière en entrée du DIPP, et de ne conserver que la contribution basse fréquence, épargnant ainsi les contributions locales de pollution, mais cela a pour effet de supprimer la contribution naturelle du NO_2. De plus, si le Soleil est bas sur l'horizon, une partie du NO_2 anthropique est également supprimée, car la lumière dans ce cas, traverse une grande partie de l'atmosphère, avant même d'être réfléchie sur le sol.

Application originale des corrections de distorsions :

L'imagerie astronomique à haute résolution souffre des problèmes de turbulence atmosphérique, dont on parvient à s'affranchir depuis quelques années à l'aide de systèmes d'optique adaptative ou observant avec des satellites artificiels. Au sol, une image à long temps de pose, qui intègre de nombreux mouvements de turbulence, possède une résolution spatiale réduite. Si l'ont parvient à décomposer cette image en poses individuelles ayant des temps de pose faibles, on peut corriger sur chacune d'elles les déplacements géométriques induits par la turbulence atmosphérique.

La figure 5.14 illustre le gain en résolution spatiale obtenu sur une image d'un groupe de taches solaires, prise avec une webcam au foyer du Télescope Amateur de Calern (TAC). La figure de gauche est la somme de 100 poses individuelles, seulement recalées en translation pour corriger les dérives du mouvement du télescope. La figure de droite a été obtenue après correction des distorsions de chacune des images individuelles. Les points de la grille de référence utilisés pour étalonner les distorsions correspondent au centre de chacune des taches. C'est leur fort contraste qui permet au programme de reconnaissance automatique des points développé pour le DIPP de fonctionner.

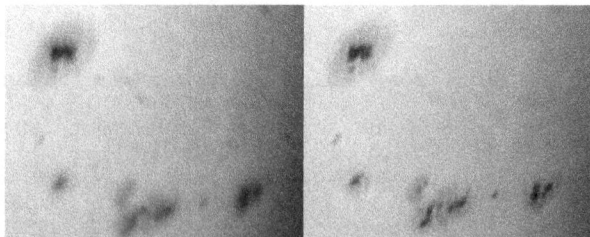

Figure 5.14. Amélioration de la résolution spatiale d'un groupe de taches solaires après correction des distorsions géométriques sur les images individuelles.

5.4   Détection des points de la grille de référence :

Afin de réaliser les opérations arithmétiques sur les 4 images du DIPP, il est nécessaire de corriger au mieux les distorsions géométriques qu'elles subissent. Nous utilisons pour cela une grille de points, placée à l'entrée de l'interféromètre, et dont l'image est enregistrée sur chacune des 2 caméras (figure 5.15). La grille de points n'étant pas située à l'infini, nous la plaçons au foyer objet d'une lentille convergente de focale 40 cm, renvoyant des faisceaux parallèles dans le bloc d'entrée du DIPP (figure 5.16). Les coordonnées de ces points nous permettent d'évaluer les distorsions et de corriger les images à la précision recherchée, c'est-à-dire au $10^{\text{ème}}$ de pixel près.

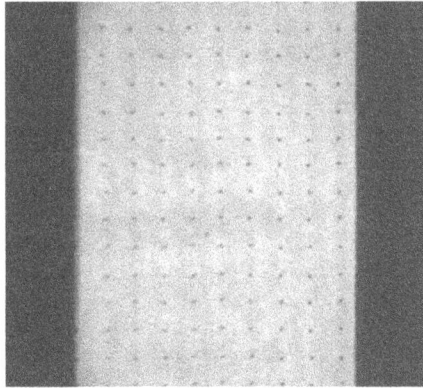

Figure 5.15. Grille de points pour l'évaluation des distorsions du DIPP (image simple, non corrigée du flat)

Cette calibration est réalisée dans une pièce fermée, donc la présence de NO_2 est presque inexistante. C'est pourquoi sur la figure 5.15, les franges présentes sont les franges parasites dues au filtre, et pourraient, malgré leur faible intensité, perturber la photométrie des points. Il faut donc les corriger par une image de flat avant de lancer l'algorithme de détection automatique.

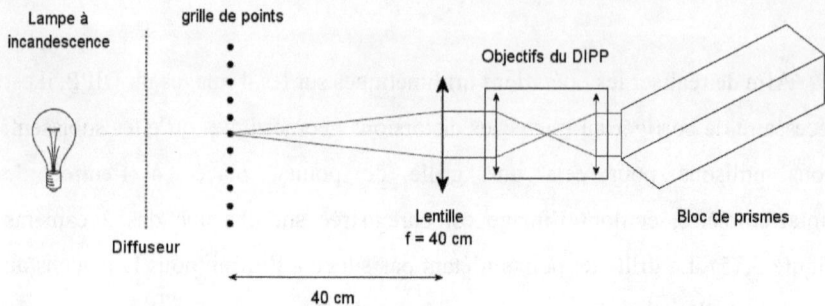

Figure 5.16. Dispositif d'éclairement de la grille de points

Il est inutile que les points de la grille soient régulièrement espacés, il suffit juste que ceux-ci couvrent uniformément le champ de la caméra. Parfois, lorsque les distorsions entre les images sont suffisamment fortes, il est même préférable que ceux-ci soient disposés de manière aléatoire, afin de faciliter leur identification sur chacune des 4 images. D'autres types de mires sont régulièrement utilisés par des expériences de détections de bords, mais dans notre cas, une grille de points suffit.

Le programme de détection des points, développé en Pascal dans un environnement Delphi, est basé sur une méthode itérative de simplex, dont le but est de rechercher le minimum d'une fonction, linéaire ou non. Les points de la grille ont un profil qui peut être considéré comme gaussien en première approximation, et qui se révèle bien ajusté par la méthode des simplex (voir annexe B) [30].

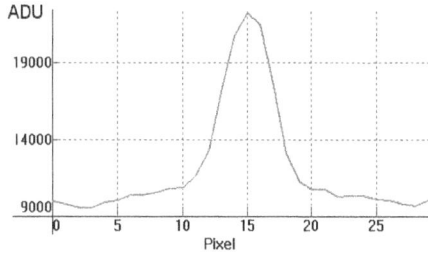

Figure 5.17. Coupe d'un point de la grille de référence

La grille de points que nous avons utilisée présente certains gradients de luminosité, dus à la lampe à incandescence située à proximité, et qui n'éclaire pas la scène de manière totalement uniforme, ainsi qu'à l'optique permettant de ramener cette grille à l'infini. D'une manière générale, cette non-uniformité, même faible, est légèrement pénalisante pour la détection des points de la grille, car elle peut fausser les seuils de détection (en première approximation, nous considérons que ce gradient de luminosité n'est pas préjudiciable pour la photométrie, ni pour la mesure précise de la position des points car s'il est sensible à grande échelle, il ne l'est pas à proximité immédiate des points). Il faut donc réaliser un filtrage préliminaire de l'image.

Ce filtrage de l'image de la grille de points doit nous permettre d'annuler le fond de l'image pour ne laisser subsister que les points eux-mêmes et les contours remarquables.

5.4.1 Détection des contours par filtrage de Sobel

Le filtrage passe-haut par masque de Sobel est un algorithme classique permettant de faire du contourage extérieur par la détection des transitions horizontales et verticales (méthode de gradient directionnel). On remplace chaque pixel par une combinaison non-linéaire de ses voisins.

Les masques de Sobel pour la détection des contours sont donnés par les matrices H1 et H2, appelées aussi masques de convolution :

$$H1 = \begin{pmatrix} -1 & 0 & 1 \\ -2 & 0 & 2 \\ -1 & 0 & 1 \end{pmatrix} \quad H2 = \begin{pmatrix} 1 & 2 & 1 \\ 0 & 0 & 0 \\ -1 & -2 & -1 \end{pmatrix} \tag{5.21}$$

L'image finale est définie par :

$$I = \sqrt{(I * H1)^2 + (I * H2)^2} \tag{5.22}$$

Le filtrage de Sobel est très sensible au bruit, dans la mesure où entrent en jeu des différences entre plusieurs points d'intensité voisine. Si ceux-ci ont des valeurs trop aléatoires, le filtrage ne pourra alors pas les éliminer. En revanche, les points de la grille se détachant nettement du bruit, ils ressortent parfaitement après filtrage.

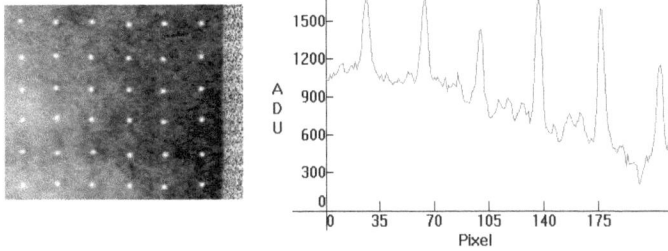

Figure 5.18. Grille de points originale et coupe horizontale

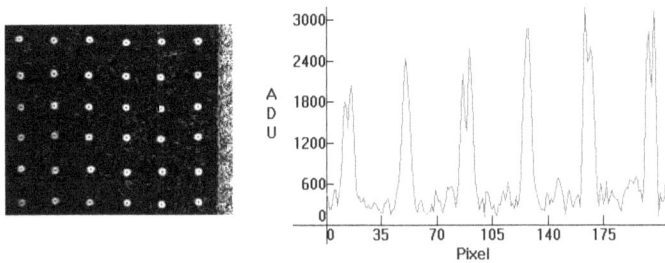

Figure 5.19. Grille de points après filtrage de Sobel

Les figures 5.18 et 5.19 montrent l'amélioration apportée par la convolution avec le masque de Sobel dans la détection des contours de l'image. Ce filtrage supprime toute précision sur la position exacte des points et élargit la zone de recherche autour de ceux-ci, mais il a l'avantage d'uniformiser le fond moyen de l'image tout en le rapprochant de 0.

Il subsiste malheureusement parfois plusieurs pixels noirs au centre des points, qu'un masque gaussien parvient à atténuer, tout en élargissant d'avantage la zone de recherche.

Il existe d'autres types de filtrage non linéaires permettant la détection de contours, comme le filtrage par masques de Prewitt, qui donne dans le cas du DIPP des images légèrement plus bruitées que le filtrage de Sobel, ou le filtrage de Roberts, qui donne une image moins contrastée.

5.4.2 Détection des points par filtrage linéaire

Appliquons à chaque pixel une combinaison linéaire de ses plus proches voisins :

$$H = \begin{pmatrix} 0 & -1 & -1 & -1 & 0 \\ -1 & -0.5 & -0.5 & -0.5 & -1 \\ -1 & -0.5 & 16 & -0.5 & -1 \\ -1 & -0.5 & -0.5 & -0.5 & -1 \\ 0 & -1 & -1 & -1 & 0 \end{pmatrix} \qquad (5.23)$$

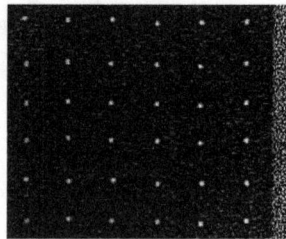

Figure 5.20. Image après filtrage

Ce filtrage est encore assez sensible au bruit, voire même davantage qu'un filtrage par masque de Sobel mais on obtient une image plus réaliste. On a aussi l'avantage d'avoir un continuum bien plus uniforme, ainsi qu'une zone de recherche autour des points qui demeure fine. On peut alors réaliser un seuillage grossier ainsi qu'un léger masque gaussien, ce qui permet maintenant de détecter plus rapidement et efficacement les points, dont la position peut à présent être détectée sur l'image originale par l'algorithme des Simplex.

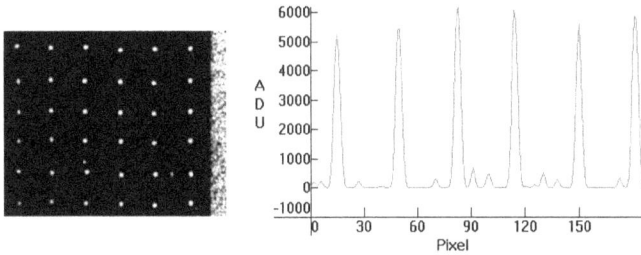

Figure 5.21. Grille de points après filtrage linéaire, seuillage et masque gaussien. Remarquons la finesse des points par comparaison avec le filtrage par masque de Sobel.

5.4.3 Détection des points après filtrage

On a vu que le filtrage linéaire permettait de détecter efficacement la position des points de la grille de référence, on peut donc à présent affiner cette mesure à l'aide de l'algorithme des simplex.

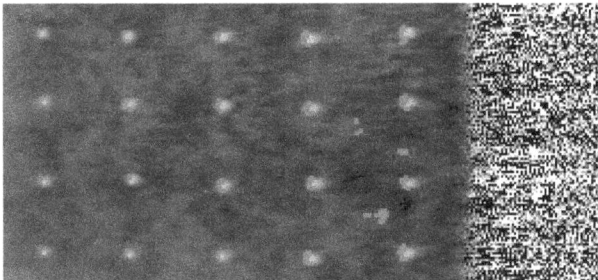

Figure 5.22. Résultat de la détection automatique des points

Sur la figure 5.22 apparaît le résultat de la détection automatique des points. Chaque image étant constituée de 655000 points (640*1024), le temps de calcul a pu être optimisé grâce à une première détection grossière à l'aide du filtrage linéaire. A droite de la figure se trouve une zone se situant hors du diaphragme de champ, où la division par le flat génère des pixels aberrants, non détectés par l'algorithme. Les points rouges représentent les zones d'intérêt de l'algorithme, les points verts sont les points correspondant au maximum de la gaussienne (la position finale du point).

Cette méthode permet de détecter les points avec une précision meilleure que le dixième de pixel, pour une image corrigée des distorsions à l'aide d'un polynôme de degré 3. Un polynôme de degré 5 apporte une correction supplémentaire des distorsions, pouvant aller jusqu'au vingtième de pixel, mais la lenteur du traitement devient pénalisante si on veut obtenir des images en temps réel.

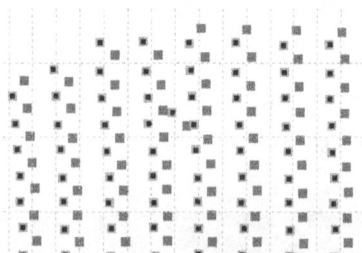

Figure 5.23. Représentation des points de la gille de référence (en bleu) et de la grille distordue (en rouge).

La figure 5.23 est la représentation d'une partie des points de la grille de distorsion, détectés de manière automatique. La taille des points a été exagérée par soucis de visibilité. En noir sont représentés les points corrigés de la distorsion, qui se superposent de manière très satisfaisante à la grille de référence, même si cette portion de grille est proche du bord de champ (zone vignettée en haut à gauche). La différence de position entre les pixels de référence (bleus) et les pixels corrigés (noirs) est résumée dans le tableau suivant :

Degré du polynôme	Résidus (dx,dy)
1	(0.21 ; 0.20)
2	(0.19 ; 0.14)
3	(0.13 ; 0.10)
4	(0.12 ; 0.08)
5	(0.10 ; 0.07)

Tableau 5.1. Résidus (en pixels) des corrections de distorsions, en fonction du degré du polynôme utilisé.

Le tableau 5.1 représente les écarts moyens obtenus entre les points de la grille de référence et ces mêmes points obtenus sur les images distordues, après les corrections géométriques. Lorsqu'on corrige les distorsions par un polynôme de degré 1, les deux images se superposent à 0.2 pixels près. Une correction de degré 3 permet un ajustement au 10è de pixel, suffisante pour mesurer les franges d'interférence résiduelles.

6   CHAPITRE 6) Mesures

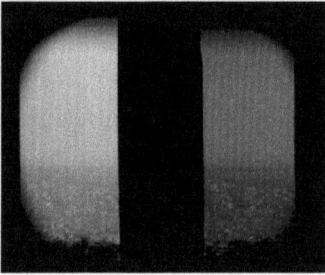

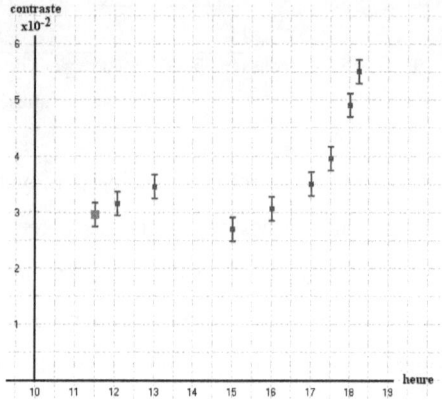

Figure 6.1. Image réalisée le 4 février 2005 à 11h30 et évolution de la pollution au NO_2 au cours de la journée.

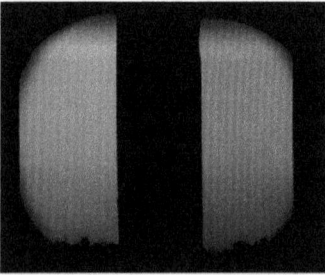

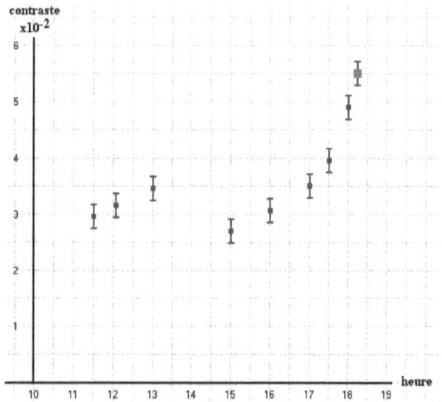

Figure 6.2. Image réalisée le 4 février 2005 à 18h15 et évolution de la pollution au NO_2 au cours de la journée.

Les images précédentes ont été réalisées en février 2005 et montrent l'évolution du contraste des franges sur une journée. On peut cependant constater l'évolution de ce contraste au cours de la journée, avec l'augmentation de la pollution en fin d'après-midi, due essentiellement au trafic automobile. Le DIPP n'est pas calibré, c'est pourquoi le contraste ne donne pas la valeur réelle de la concentration de polluant, mais une valeur relative.

Le paysage urbain semble également s'effacer sur les images, car la lumière est alors dominée par la composante continue de l'absorption du NO_2, à la longueur d'onde du DIPP.

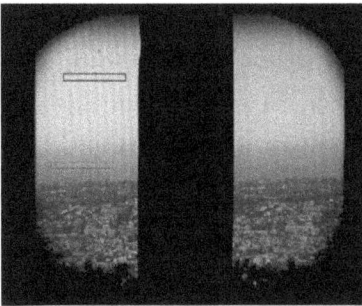

Figure 6.3.a. Image réalisée le 21 avril 2005 à 12h00

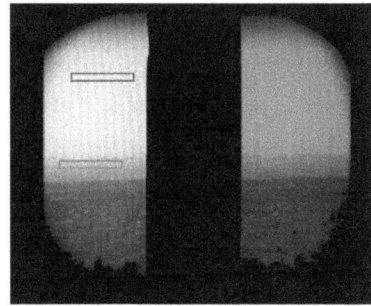

Figure 6.3.b. Image réalisée le 21 avril 2005 à 14h00

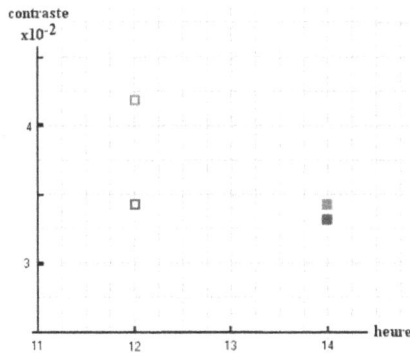

Figure 6.3.c. Evolution du contraste des franges sur une partie de la journée.

Les images des figures 6.3 montrent l'évolution d'une journée typique. On remarque, au-dessus de l'horizon, l'accumulation de la pollution produite dans la vallée du Var et la ville de Nice, essentiellement due à la circulation automobile. En début d'après-midi, la baisse de la circulation ainsi que le mistral commencent à dégager la pollution. J'ai représenté sur la figure 6.3.c une coupe horizontale en 2 endroits de l'image, l'une au niveau de l'horizon où la pollution est maximale car le champ de vision traverse une grande quantité d'atmosphère, et une autre coupe en hauteur, où la pollution devrait être moins présente. On remarque aussi qu'à 14h00, les habitations de la ville de Nice semblent moins nettes, car la scène est éclairée différemment par le Soleil. Le DIPP étant orienté plein ouest lors de ces mesures, le Soleil, à gauche sur les images, éclaire d'avantage les façades le matin que l'après-midi. Durant les 2 heures qu'a duré l'expérience, la rotation du Soleil a suffit pour modifier l'éclairage. On supposera que si les corrections des distorsions géométriques sont suffisamment efficaces, ces différences de luminosité seront bien éliminées par le traitement.

On constate qu'entre le matin et le début de l'après-midi, la couche de pollution qui s'étendait sur l'horizon a été balayée par le vent. Le contraste moyen des franges a donc diminué, passant de $4.2.10^{-2}$ à $3.4.10^{-2}$.

En revanche, lorsque l'on considère une zone de hauteur relativement élevée, (rectangle bleu sur les images), le contraste semble diminuer de manière anecdotique. En altitude, l'air est en effet moins sensible à la pollution industrielle et les variations de concentration de polluants sont moins fortes.

6.1 Suppression du bruit

La mesure de la concentration de NO_2 le long de la ligne de visée est conditionnée par une mesure de contraste entre 2 images. Comme nous l'avons vu dans le chapitre 2, l'opération consiste en la mesure des rapports suivants :

$$\begin{cases} X = \dfrac{I_a - I_b}{I_a + I_b} \\ Y = \dfrac{I_c - I_d}{I_c + I_d} \end{cases} \qquad (6.1)$$

Malheureusement, la faible sensibilité des caméras génère beaucoup de bruit sur les images, d'autant que leur différence donne des valeurs moyennes proches de 0.

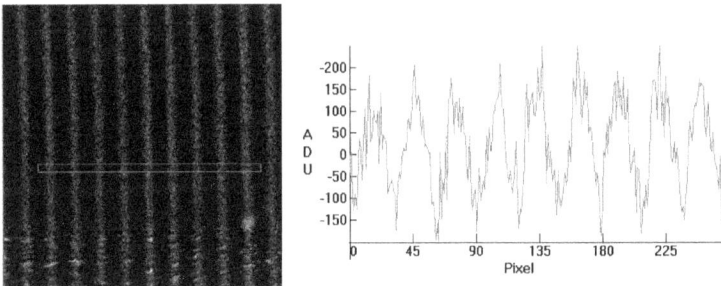

Figure 6.4. Coupe horizontale de l'image 'X' avant filtrage

L'un des moyens que nous avons utilisés pour réduire le bruit consiste à passer dans l'espace de Fourier, pour filtrer les images et ne laisser subsister que l'information liée aux franges d'interférence. Le traitement a été réalisé grâce au logiciel Iris, qui permet de calculer la transformée de Fourier d'une image.
Le filtrage est rendu d'autant plus facile que les franges sont essentiellement orientées verticalement (figure 6.4).

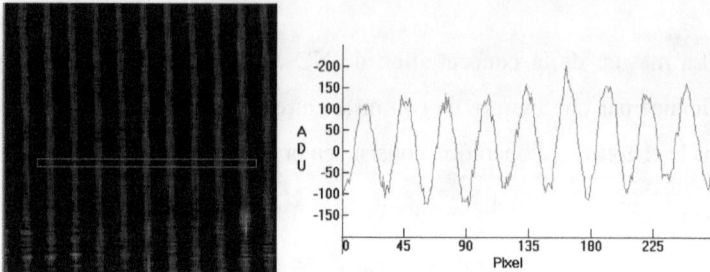

Figure 6.5. Coupe horizontale de l'image 'X' après filtrage.

La figure 6.5 montre qu'après le filtrage dans le domaine de Fourier, le bruit a été fortement atténué. L'image de la figure 6.6 montre une coupe horizontale correspondant à la différence après-avant filtrage. On fait ici apparaître le bruit supprimé lors de l'opération. Les franges d'interférence, contenant l'information sur la concentration de NO_2, n'ont pas été touchées, seule l'information de très haute fréquence spatiale (bruit) a été supprimée. Il subsiste en bas de l'image quelques résidus de nature différente, correspondant initialement aux zones contrastées du champ, comme les habitations. On considère que la suppression de ces zones ne modifie en rien la mesure des franges d'interférence, de fréquence plus faible.

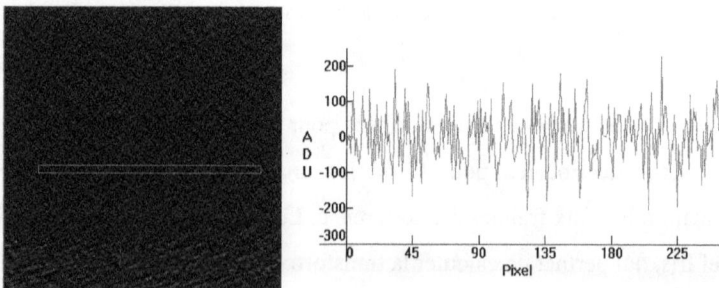

Figure 6.6. Résidus du filtrage.

6.2 Le problème des franges parasites

Le filtre interférentiel livré par *Melles Griot* présente des défauts dans sa courbe de transmission qui se traduisent par l'apparition de franges en l'absence de pollution. (voir profil du filtre, mesuré par S. Dervaux (et al.)). Le défaut principal est un petit décrochement autour de 450 nm (figure 6.7)

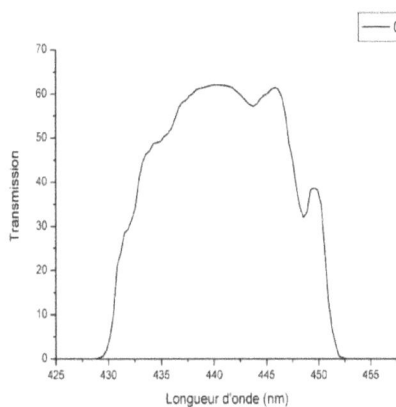

Figure 6.7. Profil du filtre d'entrée du DIPP

Figure 6.8. Flat acquis en l'absence de NO$_2$

On constate sur le flat ci-dessus, réalisé devant une enceinte fermée et en l'absence de NO_2, que des franges parasites apparaissent, qui sont indépendantes de la lumière utilisée pour les obtenir. La faible concentration de NO_2 naturel contenu dans cette enceinte ne peut expliquer à elle seule la présence de ces motifs caractéristiques.

L'amplitude de ces parasites est du même ordre que celles observées après passage au travers d'un nuage de NO_2. Il est donc primordial d'en tenir compte lors de chaque mesure.

Les effets instrumentaux sont-ils plus forts que les effets de pollution ?

Figure 6.9. Somme a+b prise en avril 2004

Figure 6.10. (a-b)/(a+b)

Les images ci-dessus représentent un champ obtenu avec le DIPP, après corrections des distorsions. L'image de gauche est la somme des 2 images en opposition de phase, ce qui explique la quasi disparition des franges d'interférence. Les franges qui semblent subsister ne sont sans doute que des résidus des corrections géométriques, que l'on va supposer négligeables. Il peut y avoir aussi des résidus de la division par le flat. L'image de droite est le résultat de l'opération (a-b)/(a+b), qui nous donne la valeur X définie dans le chapitre 2 (équation 2.27), amenant à la détermination de la concentration de NO_2.

Sur les images brutes qui ont permis d'établir la figure 6.9, on distingue bien la pollution au niveau de l'horizon, sous la forme d'un nuage horizontal sombre.

Malheureusement, la figure 2 permettant de déterminer la valeur réelle de la quantité de NO_2 le long de la ligne de visée ne fait plus apparaître ce nuage de pollution. Même les valeurs numériques, plus précises qu'une simple évaluation à l'œil nu, ne font plus état de la présence de NO_2 sur l'horizon. Est-ce à dire que le bruit présent sur l'image semble prépondérant et nous empêche de faire ressortir les faibles variations du contraste des franges ?

Il semble donc que les effets instrumentaux soient plus importants que les effets de pollution, à moins qu'une molécule particulière ayant une forte absorption à 23000 cm^{-1} perturbe nos mesures.

Présence d'une molécule présentant des raies d'absorption à 23000 cm^{-1} ?

Seuls des éléments rares et anecdotiques semblent présenter des raies à 23000 cm^{-1} qui pourraient expliquer une uniformisation des contrastes des franges dans les images du DIPP [32].

Mais ces raies semblent bien trop faibles pour expliquer cette anomalie, et ces éléments sont quasi inexistants sur la Côte d'Azur, qui n'est pas une région à forte industrialisation.

Dépendance à la température de la section efficace du NO₂

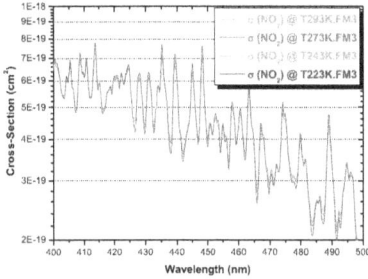

Figure 6.11. Spectre du NO₂.

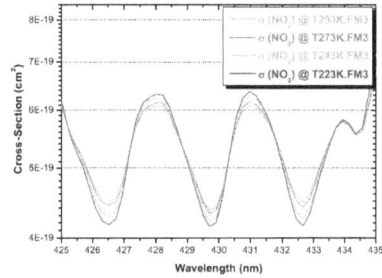

Figure 6.12. Spectre du NO₂ centré autour de la longueur d'onde du DIPP

Les variations de section efficace du NO_2 sont d'autant plus importantes que la température est élevée, mais les raies demeurent malgré cela très contrastées. Il ne faut donc sans doute pas chercher dans cette dépendance en température la raison pour laquelle les franges s'effacent après correction des images.

6.3 Les différents types de bruit

- Le **bruit de lecture** est dû d'une part à l'efficacité du transfert de charges, d'autre part à la précision de l'amplification analogique. Les capteurs CCD présentent typiquement un bruit de lecture compris entre 10 et 100 électrons par pixel. Ce bruit intervient lors de chaque mesure de façon indépendante; pour cette raison, la somme de plusieurs images n'est pas équivalente à une seule pose de la durée totale des poses élémentaires.

• Le **bruit thermique** est l'incertitude sur le nombre d'électrons générés spontanément durant la pose et la lecture, qui forment le courant d'obscurité. Ce bruit dépend fortement de la température, et varie proportionnellement au temps de pose pour une température donnée. Si N électrons sont générés spontanément, l'écart-type du bruit thermique est $\sqrt{N}$. Il faut donc réduire le nombre d'électrons thermiques pour réduire le bruit associé, en refroidissant le CCD. Dans les capteurs CCD classiques, le nombre d'électrons thermiques générés par seconde est typiquement compris entre 1 et 100 à 20°C. Ce nombre est typiquement divisé par 2 lorsque la température diminue de 6°.

Le bruit thermique peut s'écrire :

$$\Delta i_t = \sqrt{\frac{4kTB}{R}} \qquad (6.2)$$

où k est la constante de Boltzmann, T est la température absolue du capteur, B la bande passante et R la résistance de sortie du CCD.

Pour un CCD classique, on a une impédance de sortie de 2 kΩ et une bande passante d'environ 1 MHz. A une température de 298K, on obtient typiquement un bruit thermique de 5 mV, soit 0,5 électrons, si l'on considère un facteur de conversion de 10 mV pour 1 électron. Ce bruit est donc relativement négligeable par rapport aux autres types de bruit. Malheureusement, les caméras Pixelink du DIPP ne sont pas régulées en température, alors le bruit thermique peut varier si on acquière les images dans un délai relativement long. Elles ne sont pas non plus refroidies, ce qui génère un bruit thermique d'autant plus important que nos temps de pose sont longs.

• Le **bruit de numérisation** est l'erreur moyenne commise en échantillonnant le signal analogique sur un nombre fini de pas-codeurs. On a donc intérêt à coder le signal analogique sur un nombre élevé de pas-codeurs, c'est à dire à coder le signal sur un grand nombre de bits (le nombre de pas-codeurs est 2^N, où N est le nombre de bits du convertisseur).

Une image codée sur 10 bits (1024 niveaux) est généralement le minimum admis pour rendre compte de la dynamique d'un signal que l'on veut évaluer avec précision. Heureusement, la somme de plusieurs images du DIPP (codée chacune sur 10 bits) nous permet d'augmenter cette dynamique et d'obtenir une meilleure précision de photométrie.

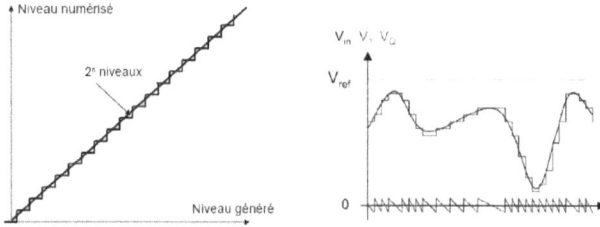

Figure 6.13. Courbes illustrant le bruit de numérisation

Le bruit de numérisation a pour expression :

$$\Delta i_N = \frac{i_{max}}{2^N \sqrt{12}} \qquad (6.3)$$

où N est le nombre de bits du convertisseur A/D, i_{max} le courant du niveau maximum.

- Le **bruit de photon** est une caractéristique intrinsèque à la source observée, qui ne dépend pas de l'instrument utilisé. Il est proportionnel au temps de pose, et égal à la racine carrée du nombre de photons reçus. Ce bruit est donc présent à la fois dans les sources lumineuses et dans le fond de ciel, ce qui implique que pour les sources brillantes, le bruit de photons est important.

Cependant, dans le cas du DIPP, le filtre interférentiel, très sélectif, et la division du signal en 4 images réduisent fortement la luminosité du paysage à observer, de sorte que le bruit de photon devient moins gênant. Il s'écrit :

$$\Delta i_q = \sqrt{2B.e.i_0}$$

(6.4)

où B est la bande passante, e la charge de l'électron et i_0 le signal.

- Le blindage et l'environnement électromagnétique du capteur peuvent parfois aussi être une source importante de parasites, qui se traduit par des pixels saturés ou une trame de fond plus ou moins régulière qui vient s'ajouter au signal. Dans le cas du DIPP, les caméras Pixelink ne semblent pas très sensibles à ce phénomène.

Le bruit total

Le bruit total est la somme quadratique de tous les différents bruits affectant le signal, car ceux-ci sont indépendants. Il s'écrit :

$$B_{Total}^2 = B_{Photons}^2 + B_{Lecture}^2 + B_{Thermique}^2 + B_{Num\acute{e}risation}^2$$

(6.5)

Le bruit de lecture semble être le plus gênant. Le bruit thermique est assez délicat à corriger, et requiert que l'on effectue l'acquisition des images dans un délai bref, les caméras du DIPP n'étant pas régulées en température.

Le bruit de numérisation est assez faible, car on somme plusieurs images afin d'améliorer la dynamique résultante.

Soustraction du dark

Reprenons l'opération consistant à soustraire l'image de dark à l'image brute pour n'en garder que l'information utile :

$$S_u = S_b - S_d \qquad (6.6)$$

Bien que les 2 images soient soustraites, leurs bruits respectifs s'additionnent quadratiquement, comme nous l'avons vu précédemment :

$$B = \sqrt{B_b^2 + B_d^2} \qquad (6.7)$$

Le rapport signal sur bruit de l'opération s'écrit donc :

$$S/_B = \frac{S_b - S_d}{\sqrt{B_b^2 + B_d^2}} \qquad (6.8)$$

La soustraction par le dark s'accompagne donc généralement d'une baisse du rapport signal sur bruit. Cependant, l'opération qui consiste à faire la différence de 2 images présentant les mêmes défauts structurels (des pixels chauds par exemple), permet de supprimer ceux-ci.

6.4 Amélioration du prototype

6.4.1 Linéarisation du DIPP

Nous avons vu que l'un des inconvénients du détecteur de pollution était le temps passé à acquérir les images, dédoublé par la présence de 2 caméras distinctes. Le suivi d'un nuage de pollution à évolution rapide est alors rendu difficile.

On pourrait également faire regretter la multiplication du nombre des images : si la capacité des disques durs actuels permet de s'affranchir de ce problème, il est toujours plus aisé de ne manipuler qu'un nombre limité d'images.

C'est pourquoi une solution satisfaisante serait de développer un DIPP Linéaire, avec une seule caméra en sortie.

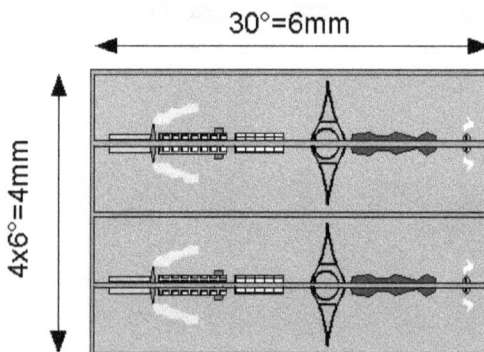

Figure 6.14. Simulation du paysage observé avec un DIPP linéaire. Les 4 images se superposent, en minimisant les pixels non utilisés.

L'expérience a montré qu'un diaphragme d'entrée de rayon $r = 2,5$ mm était suffisant pour recueillir suffisamment de luminosité tout en conservant la cohérence spatiale. Si i est l'angle d'incidence du rayon central et H l'épaisseur des éléments du prisme (pour ce dimensionnement il est inutile de différencier les hauteurs des 2 trapèzes du bloc de prismes, H et h, qui sont très proches), un bilan géométrique conduit à une relation entre l'épaisseur minimum, le demi champ vertical θ et l'indice de réfraction n du verre :

$$H > \frac{rn\sin(2i)}{n\cos(i) - 3\theta\sin(i)} \qquad (6.9)$$

Avec un demi champ de 3° et un verre de type BK7 d'indice n =1,5263 au centre de l'intervalle spectral utile, on trouve H >5,27mm pour i =60.

Prenons alors H =7mm pour ne pas être gênés par les bords des faces. Une construction géométrique simple donne la valeur de la grande base B du prisme (figure 6.15):

$$B = \frac{2H}{\sin(2i)}(1 + 2\sin^2(i)) = 40,415mm \qquad (6.10)$$

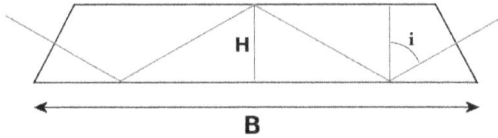

Figure 6.15. Section du prisme du DIPP linéaire.

Ces calculs ne sont cependant pas optimisés, car, d'une part, la traversée n'est pas achromatique, mais aussi la linéarisation de l'ensemble nécessitera une modification des faces d'entrée et de sortie, induisant là aussi du chromatisme supplémentaire. Une solution pour atténuer cet effet serait de rajouter, en entrée et sortie, des prismes par réflexion totale, mais cela augmenterait le nombre de pièces optiques supplémentaires, parfois volumineuses.

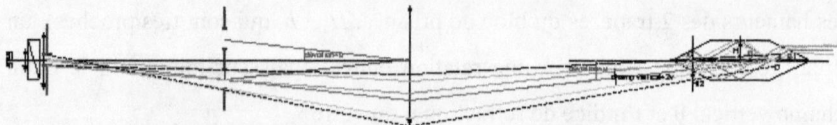

Figure 6.16. Schéma des trajets optiques dans le DIPP linéaire. La lumière entre par la droite, traverse un prisme de Wollaston en sortie duquel se trouve la caméra.

Le montage suivant est plus favorable (figure 6.17).

Le principe est le suivant : la lumière entre dans un prisme déviateur avec incidence normale à sa face d'entrée. Son autre face, parallèle à la face d'entrée, est collée sur le prisme interférentiel qui est alors un bloc à angles droits.

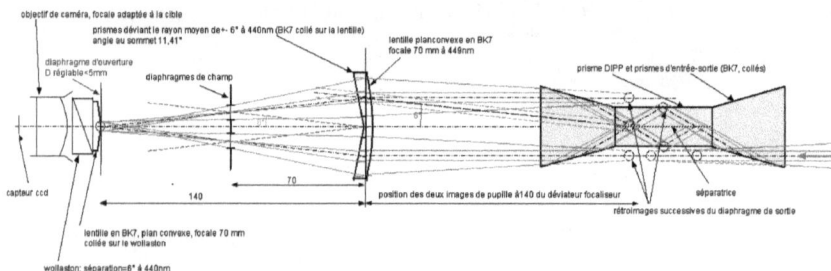

Figure 6.17. Autre configuration possible pour le DIPP linéaire.

Dans ce prisme interférentiel, l'incidence moyenne est de 60°.

La sortie est identique à l'entrée. On a donc deux faisceaux parallèles qui doivent converger vers un même diaphragme d'ouverture collé sur le wollaston. Il convient donc de dévier ces faisceaux.

On explore ensuite par le logiciel Zeemax la pertinence des cotes d'encombrement afin de vérifier qu'il n'y a pas de vignetage. Mais aussi, comme on fait le choix de ne prendre que du verre BK7, on s'assure que le chromatisme est négligeable rapporté à la dimension des pixels. Le graphe suivant donne l'indice du BK7 en fonction du domaine spectral utile pour exploiter l'instrument sur le NO_2 :

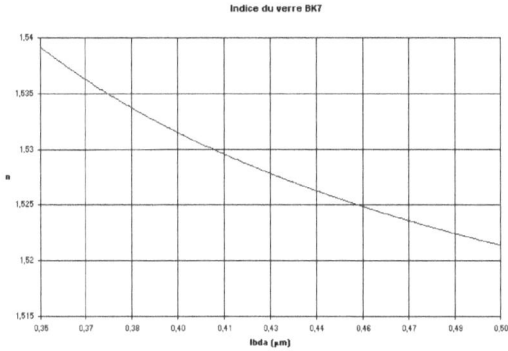

Figure 6.18. Indice du verre BK7 en fonction de la longueur d'onde

$n_{430} = 1.52729$
$n_{440} = 1.52627$ $n_{450} - n_{430} = -1.97.10^{-3}$
$n_{450} = 1.52532$

Avec cette faible valeur $\Delta n = 0.002$, les prismes déviateurs de 6° étalent l'image d'un point sur 0,022°, soit la fraction 1/267 du champ, ce qui représente environ deux pixels. Toutefois, cette dimension étant très inférieure à celle de l'interfrange, qui fait plusieurs dizaines de pixels, cela ne réduit pas la visibilité des franges.

Une telle résolution spatiale de 0,022° représente à 3 km une résolution de 1,2 m qu'il n'est pas nécessaire d'atteindre.

Notons que la résolution limite permise par la diffraction pour une pupille maximum de 5 mm est de 0,006°, soit légèrement inférieure à 1 pixel.

6.4.2 Reconstruction tomographique

Les images du DIPP permettent de mesurer une concentration de polluant intégrée le long de la ligne de visée et ne donnent aucune information sur la distance du nuage de NO$_2$. C'est là le seul inconvénient du DIPP par rapport aux détecteurs ponctuels, que l'on positionne au cœur des zones à surveiller.

A la manière d'un scanner que l'on fait tourner autour d'un patient pour reconstituer la zone atteinte, il conviendra à l'avenir de positionner plusieurs détecteurs panoramiques de pollution réalisant des mesures croisées, afin de permettre une localisation plus précise des nuages de pollution. C'est le but de la reconstruction tomographique, qui pourra être rendue plus aisée par le faible coût du DIPP

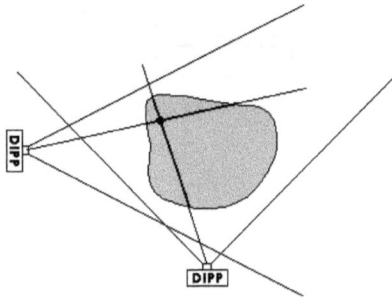

Figure 6.19. Reconstitution d'un nuage de gaz polluant

Dans un cas à 2 dimensions, la tomographie par transmission cherche à identifier en tout point (x,y) de l'objet étudié la valeur du coefficient d'atténuation f(x,y), qui est reliée à la concentration locale c de polluant.

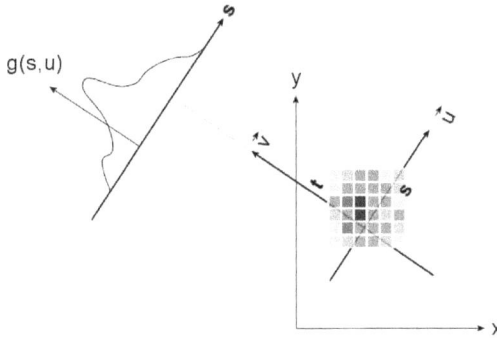

Figure 6.20. Illustration de la projection sur le capteur de toutes les contributions intégrées le long de la direction v.

$$g(s,u) = \int f(su + tv)\,dt$$

Le nuage de points est caractérisé par la distribution f(su+tv), définie dans le système de coordonnées du détecteur. La reconstruction du nuage de points (ici en 2D) implique la projection selon divers angles de position du capteur, et permet par un processus d'inversion de retrouver l'expression de f(x,y).

Cependant, pour que cette reconstruction soit la plus précise possible, il convient de combiner les mesures du plus grand nombre de détecteurs possible. En théorie, il faudrait un nombre infini de capteurs si l'on veut obtenir une reconstruction parfaite du nuage de pollution. En pratique, la résolution spatiale demandée par les collectivités permet de réduire fortement ce nombre.

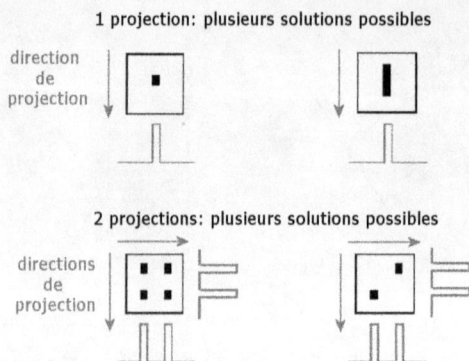

Figure 6.21. Illustration des limitations de la reconstruction tomographique

La figure ci-dessus illustre la difficulté de reconstruire une image à partir d'un nombre fini de projections. De plus, lors d'une reconstruction d'un objet en 3 dimensions, comme un nuage de pollution, les temps de calcul deviennent très longs si de nombreuses images sont traitées.

La précision de la tomographie dépend également fortement du bruit présent sur les images d'un détecteur comme le DIPP.

6.5 Conclusion

Initié par le travail de Sébastien Dervaux, le développement du DIPP met en œuvre différentes techniques d'acquisition et de traitement de données. Les premiers résultats négatifs nous ont conduits à développer d'avantage les techniques de correction des distorsions géométriques des images, nous permettant d'obtenir des corrections à mieux que le $10^{\grave{e}}$ de pixel près. Un effort a également été réalisé afin d'obtenir un logiciel de prises de vue ergonomique et simple d'utilisation.

L'explosion démographique et l'émergence des pays en vois d'industrialisation a rendu obligatoire une politique de surveillance des différents types de pollution. La réglementation en vigueur dans les pays industrialisés impose non seulement des normes sévères de seuils de pollution mais aussi la mise en place de réseaux de surveillance des polluants principaux, comme par exemple les oxydes d'azotes NO_x, le dioxyde de soufre SO_2 et les hydrocarbures.

Cette surveillance peut être réalisée par les petites collectivités territoriales à l'aide de moyens fiables et peu coûteux permettant une mesure globale de la pollution. C'est dans ce but qu'a été développé le Détecteur Interférométrique Panoramique de Pollution, qui exploite une méthode développée récemment, l'interférométrie par spectrométrie de Fourier. Cette méthode, associée à une simplification du modèle de transmission d'un nuage de gaz, devait permettre de réaliser une mesure rapide de la concentration de pollution le long d'une ligne de visée. Mais l'application des équations de propagation ne permet pas d'obtenir des franges d'interférences compatibles avec la présence réelle de la pollution. L'information donnant la concentration de pollution semble s'annuler après traitement des images. Ce résultat négatif semble pouvoir être expliqué de plusieurs manières :

- Présence d'autres molécules dont la longueur caractéristique d'absorption est identique avec la longueur d'onde choisie pour détecter le dioxyde d'azote. Mais les seuls éléments susceptibles de perturber la mesure à cette longueur d'onde sont quasi inexistants sur la Côte d'Azur, qui est très peu industrialisée.

- Des caméras peu sensibles à 430 nm. Cette raison est écartée car la sensibilité du DIPP a pu être augmentée par sommation d'images.

- Un filtre d'entrée présentant des défauts structurels. L'acquisition d'images de calibration permet théoriquement d'annuler l'effet de ces défauts sur les images.

- La simplification des équations de propagation. Seule une lame semi-réfléchissante de qualité parfait possède un coefficient de transmission exactement identique au coefficient de réflexion. Cette condition, jamais rigoureusement atteinte, permet la simplification des équations de propagation des rayons lumineux dans le bloc de prismes du DIPP. Le terme représentant la concentration de polluant le long de la ligne de visée peut alors ne plus être aussi trivial.

- La simplification de l'écriture de la transmission d'un nuage de gaz. La loi de Beer-Lambert a été approximée par une fonction linéaire, afin de pouvoir retrouver facilement la concentration de pollution après manipulation des 4 images individuelles, ce qui a permis de décrire leur intensité lumineuse par une expression simple. Cette approximation étant valable pour une concentration faible, il est possible que l'importance du transport routier et aérien dans les Alpes Maritimes la rende inappropriée.

Un cahier des charges bien plus strict pour la fabrication d'un bloc de prismes et du filtre d'entrée pourrait améliorer la détermination de la concentration de la pollution. Des caméras plus performantes semblent être également nécessaires pour relancer l'intérêt du Détecteur Interférométrique Panoramique de Pollution. Le coût de fabrication du DIPP serait alors plus élevé, mais le développement urbain et industriel rend nécessaire l'utilisation de moyens efficaces et fiables de surveillance de la pollution. Souhaitons que la demande croissante de tels moyens par les collectivités offrira une grande place au DIPP dans la Santé Publique.

7 ANNEXE A

Transformée de Fourier d'un spectre d'absorption

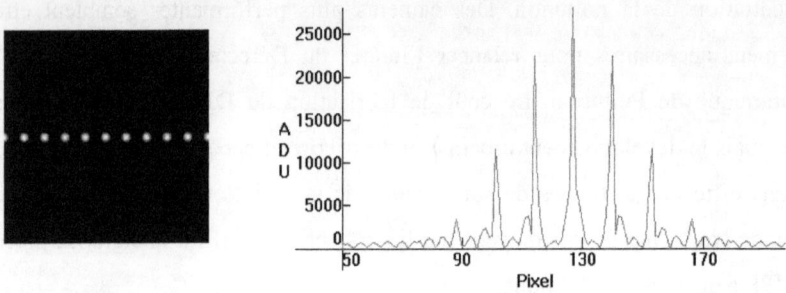

Figure 7.1. Spectre simulé présentant des raies étroites régulièrement espacées (en première approximation) et sa Transformée de Fourier (en coupe). La transformée de Fourier présente des pics périodiques, avec une extension non infinie car le spectre a été tronqué.

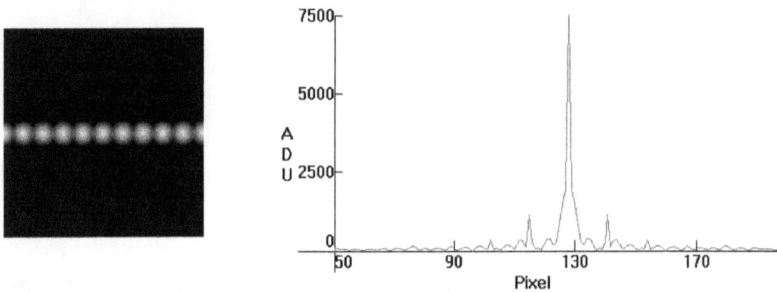

Figure 7.2. Spectre simulé présentant des raies larges régulièrement espacées, de même fréquence que précédemment. La Transformée de Fourier présente des pics beaucoup moins contrastés, mais de périodicité identique à la figure 7.1.

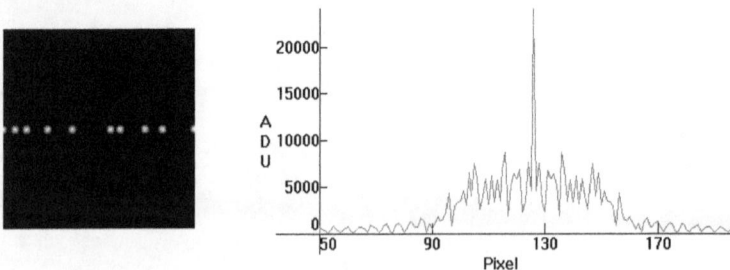

Figure 7.3. Spectre simulé présentant des raies étroites irrégulières.

8 ANNEXE B

Détermination des coordonnées des points d'une grille de référence.

La méthode des Simplex

Le but de la méthode des simplex est de rechercher le minimum d'une fonction (linéaire ou non). Les simplex sont représentés par une figure géométrique définie par N sommets, où N représente le nombre de paramètres à définir. Dans le cas de 2 paramètres inconnus (X_M, Y_M), le simplex initial est défini par les 3 sommets d'un triangle (X_0, Y_0), (X_1, Y_1), (X_2, Y_2). On définit alors 3 expériences $f(X_0, Y_0)$, $f(X_1, Y_1)$ et $f(X_2, Y_2)$. Si le point 0 donne la réponse la plus mauvaise, on défini un nouveau point 3 comme étant le symétrique du point 0 par rapport au barycentre formé par les 2 autres points. On recommence ainsi les expériences, jusqu'à minimiser (ou maximiser) les réponses. On tourne alors autour du point optimal M, dont on peut chercher à se rapprocher en construisant une nouvelle figure de simplex avec un pas plus petit. Les itérations sont arrêtées lorsque la différence entre les réponses de tous les points du simplex est inférieure à une valeur seuil définie par l'expérimentateur.

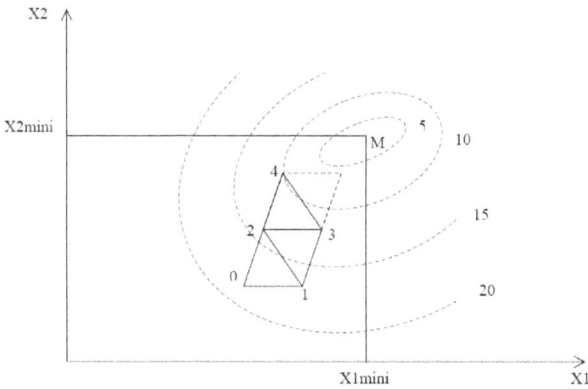

Figure 8.1. Principe de la méthode des simplex

Dans notre cas, on considère que les points de la grille ont un profil photométrique gaussien à 2 dimensions, pour lequel la méthode des simplex est parfaitement adaptée.

9 ANNEXE C

Spectre d'absorption du dioxyde de soufre SO₂ de 140 nm à 340 nm

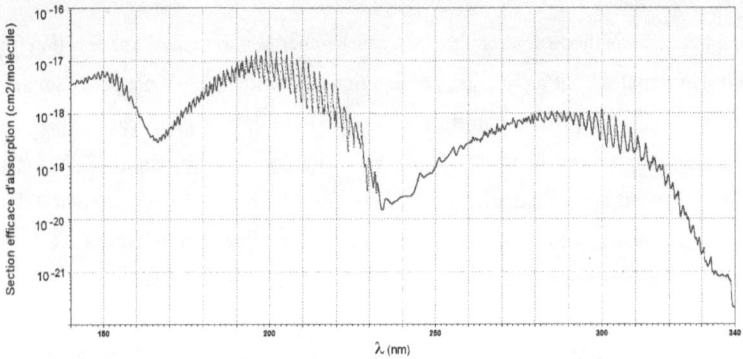

Figure 9.1. Spectre d'absorption du SO$_2$, obtenu par Manatt *et al.* à une température de 293 K [37], avec une résolution de 0.1 nm, dans le domaine ultraviolet.

On observe les structures redondantes caractéristiques de certaines molécules polyatomiques (autour de 150nm, 200 nm et 300 nm). La partie du spectre centrée autour de 200 nm présente des raies régulièrement espacées, mais le rayonnement solaire est extrêmement faible dans ce domaine spectral. D'après la figure 9.2, le rayonnement transmis par l'atmosphère est environ 30 fois plus important à 300 nm qu'à 200 nm. On préfèrera donc le domaine centré autour de 300 nm, étudié dans le chapitre 3.

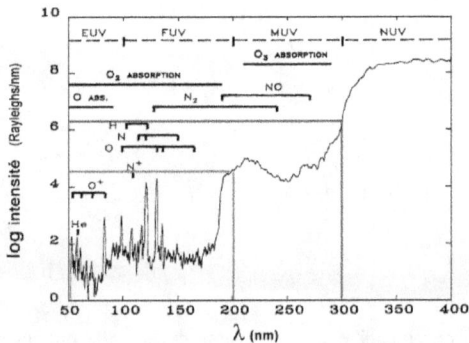

Figure 9.2. Courbe de transmission atmosphérique en ultraviolet

142

10 ANNEXE D

Mise en évidence des motifs interférentiels générés par le filtre d'entrée.

Les défauts structurels du filtre interférentiel ont été mis en évidence par Dervaux *et al.*. La largeur à mi-hauteur couvre bien le domaine spectral dans lequel se trouvent les raies régulières du NO_2, mais on observe 2 petits décrochements vers 444 et 449 nm, semblables à ceux que l'on observe dans la courbe de transmission de l'ensemble filtre+NO_2 (figure 3.12). Ces défauts font apparaître des motifs interférentiels parasites autour de la différence de marche 45 µm.

Pour démontrer cela, un interféromètre de Michelson a été réalisé, permettant d'établir l'interférogramme du spectre obtenu à l'aide du filtre, avec et sans présence de polluant, et ainsi de retrouver le spectre grâce à une transformée de Fourier. Cette fois aussi, le NO_2 a été produit dans une cuve transparente, par l'action de l'acide nitrique sur des copeaux de cuivre.

Une première mesure a été obtenue sans polluant, avec une lampe à incandescence, sensée avoir un spectre continue dans le domaine spectral qui nous intéresse.

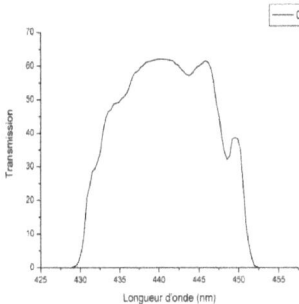

Figure 10.1. Transmission théorique du filtre, en lumière blanche, sans polluant.

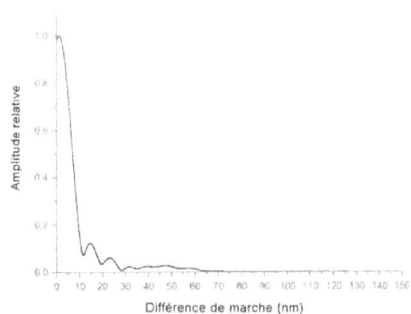

Figure 10.2. Interférogramme obtenu sans NO2, avec une lampe à incandescence.

On observe dans la figure 10.1 des motifs centrés autour de la différence de marche 45 µm. Une deuxième mesure a été réalisée en utilisant la lumière solaire comme source lumineuse :

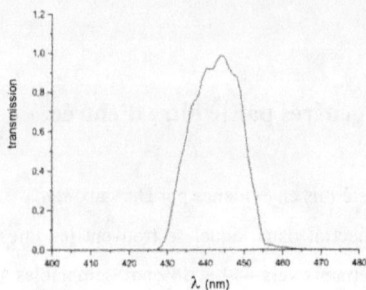

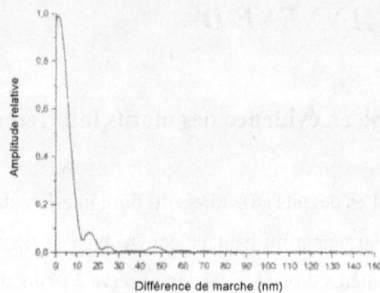

Figure 10.3. Transmission du filtre en lumière
solaire

Figure 10.4. Interférogramme en lumière solaire

Le profil de transmission du filtre varie dans ce cas, car le spectre solaire n'est pas aussi
continu dans ce domaine spectral. En conséquence, le motif interférentiel, s'il est toujours
présent autour de 45 μm, a été atténué.

Une troisième mesure a été réalisée en lumière artificielle, en présence de NO_2. Les résultats
sont présentés ci-dessous :

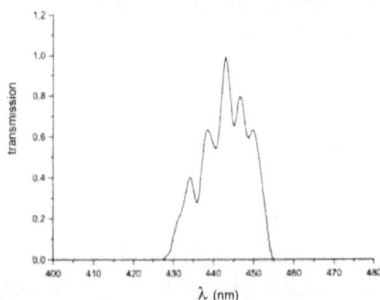

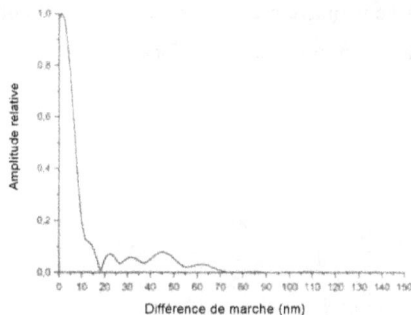

Figure 10.5. Profil du filtre en lumière artificielle
avec gaz polluant

Figure 10.6. Interférogramme en lumière
artificielle avec gaz polluant

Le profil de transmission du filtre présente les raies caractéristiques du spectre du NO_2, qui
génèrent comme on pouvait l'espérer un motif interférentiel plus important autour de 45 μm.

144

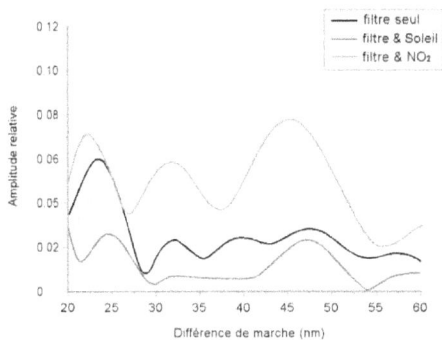

Figure 10.7. Interférogrammes obtenus avec le filtre seul avec une lampe à incandescence, en lumière solaire, et en présence de NO_2

D'après la figure 10.3, le filtre présente un motif interférentiel centré autour de 45 µm, qui génère inévitablement des franges parasites sur nos images, même en l'absence de pollution. L'acquisition d'images de calibration (images de 'flat') doit théoriquement permettre d'annuler ou de minimiser cette contribution.

11 ANNEXE E

Programme d'acquisition des images des caméras Pixelink

Le programme suivant est une version simplifiée du logiciel que j'ai développé permettant d'acquérir et de traiter les images du DIPP. Il est écrit en Visual C++, ce qui implique que son utilisation nécessite d'autres fichiers, définissant entre autres l'aspect de la fenêtre de contrôle, les librairies utilisées, etc. Je ne présente ici que le corps principal, qui pourra être repris par d'autres utilisateurs pour piloter ce type de caméra.

```
#include "stdafx.h"
#include "astrolink.h"
#include "astrolinkDlg.h"

#ifdef _DEBUG
#define new DEBUG_NEW
#undef THIS_FILE
static char THIS_FILE[] = __FILE__;
#endif

CWnd* pParentWnd; //test

    bool caminit=false;
    int width,height;
    int bin,bit;
    unsigned char *rawdata;
    unsigned char *datasom;
    unsigned char *rawdata16;
    char header[36][80]={
            {"SIMPLE  =           T / "},
            {"BITPIX  =          16 / "},
            {"NAXIS   =           2 / "},
            {"NAXIS1  =         640   "},
            {"NAXIS2  =         480   "},
            {"EXPTIME =               "},
```

```
                    {"COMMENT =                    "},
                    {"COMMENT =                    "},
                    {"EXTEND  =          T /"},
                    {"DATE   = '35/09/04        ' /Date of FITS file creation"},
                    {"UT-START= '            ' /UT time of Observation"},
                    {"END"}
         };


/////////////////////////////////////////////////////////////////////////
// CAboutDlg dialog used for App About


...


CAstrolinkDlg::CAstrolinkDlg(CWnd* pParent /*=NULL*/)
     : CDialog(CAstrolinkDlg::IDD, pParent)
{
     //{{AFX_DATA_INIT(CAstrolinkDlg)
     m_control2 = _T("");
     m_nbframes = 4;
     m_vgain = 0;
     m_expovalue = 54.f;
     m_expobarpos = (int)m_expovalue;
     m_taillestring = _T("1280x1024");
     m_binstring = _T("1x1");
     m_sommechoice = TRUE;
     m_index = 1;
     m_prefixe = _T("image");
     m_nightvisionchoice = FALSE;
     m_gainbarpos=(int)m_vgain;
     m_vgamma = 0.5f;
     m_gammasliderpos = 50;
     m_commentaire = _T("");
     m_bitstring = _T("16 bits");
     m_dark0text = _T("");
     m_dark1text = _T("");
     m_image0text = _T("");
     m_image1text = _T("");
     width=1280;
     height=1024;
     bin=1;
```

```
    bit=16;
    m_cam0choice = FALSE;
    m_cam1choice = FALSE;
    //}}AFX_DATA_INIT
    m_hIcon = AfxGetApp()->LoadIcon(IDR_MAINFRAME);
}


void CAstrolinkDlg::OnUpdate()
{
    int i,j;//,jj;
    char line[81];
    char pix[1];
   FILE * pFile;
    rawdata=(unsigned char*)calloc(width*height,sizeof(unsigned char));


    /////////////////////////////////////////////////
    // Demande du nombre de video converters branchés
    /////////////////////////////////////////////////
    Status = PimMegaGetNumberDevices( "PixeLINK(tm) 1394 Camera", &NumDevice);
    if (Status == ApiSuccess)
    {
            m_init.Format("Number of attached devices: %u \r\n \r\n",NumDevice);
            m_control2.Insert(m_control2.GetLength(), m_init);
    }
    else
    {
            m_init.Format("Number of attached devices: error! \r\n \r\n");
            m_control2.Insert(m_control2.GetLength(), m_init);
    }


    /////////////////////////////////
    // Select and Initialize Camera
    /////////////////////////////////
    if (caminit) // l'une des caméras est initialisée -> on la déinitialise
            PimMegaUninitialize(&imager );
    if (m_cam0choice)
            Status = PimMegaInitialize( "PixeLINK(tm) 1394 Camera", 1, &imager );
```

148

```
else
        Status = PimMegaInitialize( "PixeLINK(tm) 1394 Camera", 0, &imager );
caminit=true;
if (Status == ApiSuccess)
{
        m_init.Format("Camera Initialization: successfull \r\n \r\n");
        m_control2.Insert(m_control2.GetLength(), m_init);
}
else
{
        m_init.Format("Initialisation de la camera: not successfull \r\n \r\n");
        m_control2.Insert(m_control2.GetLength(), m_init);
}


// Numero du chip
PimMegaGetImagerChipId( imager, &DeviceId);
m_init.Format("Number of the Imaging Chip: %u \r\n",DeviceId);
m_control2.Insert(m_control2.GetLength(), m_init);
// Hardware version information
Status = PimMegaGetHardwareVersion(imager,&m_information);
if (Status == ApiSuccess)
{
        m_init.Format("Product ID %s \r\n", m_information.ProductID);
        m_control2.Insert(m_control2.GetLength(), m_init);
        m_init.Format("Serial Number %s \r\n", m_information.SerialNumber);
        m_control2.Insert(m_control2.GetLength(), m_init);
        m_init.Format("Firmware Version %s \r\n", m_information.FirmwareVersion);
        m_control2.Insert(m_control2.GetLength(), m_init);
        m_init.Format("FPGA Version %s \r\n", m_information.FpgaVersion);
        m_control2.Insert(m_control2.GetLength(), m_init);
}
// Type de la camera
PimMegaGetImagerType( imager, &Type);
switch (Type)
{
case 1:
m_init.Format("Type of the imager: Monochrome \r\n");
break;

case 2:
```

```
m_init.Format("Type of the imager: Color \r\n");
break;


default:
m_init.Format("Type of the imager: Unknown \r\n");
break;
}
m_control2.Insert(m_control2.GetLength(), m_init);
// Capture du numero de serie de la Camera Video.
PimMegaGetSerialNumber( imager, &SerNum );
m_init.Format("Device Serial Number: %u \r\n",SerNum);
m_control2.Insert(m_control2.GetLength(), m_init);


// Stream Specification
PimMegaSetVideoMode(imager,VIDEO_MODE);
// oscillateur interne et diviseur d'horloge par deux
Status = PimMegaSetImagerClocking( imager,02);
if (Status == ApiSuccess)
{
        m_init.Format("IMAGER clocking 02\r\n");
        m_control2.Insert(m_control2.GetLength(), m_init);
}


PimMegaSetExposureTime(imager,m_expovalue,TRUE);
        m_init.Format("EXPOSIT %f\r\n",m_expovalue);
        m_control2.Insert(m_control2.GetLength(), m_init);
// Transfert des données sur 16 bits
Status = PimMegaSetDataTransferSize(imager,bit);
if (Status == ApiSuccess)
{
        m_init.Format("TAUX %s\r\n",m_bitstring);
        m_control2.Insert(m_control2.GetLength(), m_init);
}
// Because the bandwidth limit is 24 Mbytes/sec, DATA_16BIT_SIZE cannot be specified when
// the oscillator is operating at full speed (24 MHz internal ,16 MHz external). (See
// PimMegaSetImagerClocking, p.83, for more information on setting the clock speed). If full
// clock speed is in effect when DATA_16BIT_SIZE is selected, the speed will be reduced by half
// automatically (12 MHz internal, 8 MHz external).


PimMegaSetMonoGain(imager,m_vgain);
```

```
PimMegaSetGamma(imager,m_vgamma);

Status = PimMegaSetSubWindow( imager,bin ,0 ,0 ,width ,height );
PimMegaStartPreview(imager,"Camera");
PimMegaStartVideoStream(imager);

PimMegaImageFlip(imager,0,-1);
PimMegaImageFlip(imager,1,1);

PimMegaReturnVideoData(imager,width*height,rawdata);

// Ecriture du header:
pFile = fopen ("image_init.fit","w+");

sprintf(header[3],"NAXIS1  =%21d",width);
sprintf(header[4],"NAXIS2  =%21d",height);
sprintf(header[5],"EXPTIME =%21.1f",m_expovalue);
sprintf(header[6],"COMMENT = '%18s'","coucou");

for (i=0;i<36;i++)
{
        sprintf(line,"%-80s",header[i]);
        fputs (line, pFile);
}

for (j=0;j<height;j++)
        for (i=0;i<width;i++)
        {
                sprintf(pix,"%c%.1s",0,&rawdata[j*width+i]);
                fwrite (pix ,1,2, pFile);
        }
fclose (pFile);


    pFile = fopen ("myfile.raw","w");
if (pFile!=NULL)
{
 //fwrite (&rawdata[122] ,1,1 , pFile);
 fwrite (rawdata ,width*height-1,1 , pFile);
 fclose (pFile);
```

```
}
    free(rawdata);
    UpdateData(FALSE);
}

void CAstrolinkDlg::OnStart()
{
  char * charpret;
    char line[81];
    char pix[2];
    char nom[20];
    char s1[27];
    char s2[27];
    char s3[9];
    int i,j,numimg;
  FILE * pFile;
  time_t temps;
    struct tm * timeinfo;

    rawdata=(unsigned char*)calloc(width*height,sizeof(unsigned char));
    rawdata16=(unsigned char*)calloc(2*width*height,sizeof(unsigned char));
    datasom=(unsigned char*)calloc(2*width*height,sizeof(unsigned char));

    UpdateData(TRUE);  // valide les changements d'index, de nombre, ...

    Status = PimMegaSetDataTransferSize(imager,bit);  // 16 Bit per Pixel
          if (Status == ApiSuccess) m_control2.Insert(m_control2.GetLength(), "dynamique OK");
          else      m_control2.Insert(m_control2.GetLength(), "dynamique PAS OK");

    PimMegaSetTimeout(imager,1000);
    UpdateData(FALSE);

    for (numimg=1;numimg<=m_nbframes;numimg++)
    {
          if (m_nightvisionchoice)
                  PimMegaReturnStillFrame(imager,rawdata16,m_expovalue,0,0,0,0);
          else
                  PimMegaReturnVideoData(imager,2*width*height-1,rawdata16);
          if (bit==8)  // on transforme une image 8 bit en 16 bit (sans changer les valeurs)
                  for (j=width*height-1;j>-1;j--)
```

152

```
                        {
                                rawdata16[2*j+1]=rawdata16[j];
                                rawdata16[2*j]=0;
                        }

if (m_seriechoice)  // on enregistre des séries d'images individuelles
{
        sprintf(nom,"serie%s%d.fit",m_prefixe,m_index+numimg-1);
        pFile = fopen (nom,"w+b");
        sprintf(header[3],"NAXIS1  =%21d",width);
        sprintf(header[4],"NAXIS2  =%21d",height);
        sprintf(header[5],"EXPTIME =%21.1f",m_expovalue);
        sprintf(header[6],"COMMENT = '%18s'","coucou");
        time ( &temps );
        timeinfo = localtime ( &temps );
        sprintf(s1,"%s",asctime (timeinfo)) ;
        s2[10]='\0';
        sprintf(header[9],"DAyE    = '%-1.8s'           /Date of Observation'",s2);
        timeinfo = localtime ( &temps );
        sprintf(s1,"%s",asctime (timeinfo)) ;
        memmove(s1,s1+11,8);
        strncpy(s2,s1,8) ;
        s2[8]='\0';
        sprintf(header[10],"UT-STORT= '%-1.8s'          /Local time of Observation'",s2);

        for (i=0;i<36;i++)
        {
                sprintf(line,"%-80.80s",header[i]);
                fputs (line, pFile);
        }

        for (j=0;j<width*height-1;j++)
        {
                sprintf(pix,"%c%c",rawdata16[2*j],rawdata16[2*j+1]);
                fwrite (pix ,1,sizeof(pix), pFile);
        }
    fclose (pFile);
}

if (m_sommechoice)
```

```
{// somme des images
        for (j=0;j<width*height-1;j++)
        {
                datasom[2*j]=datasom[2*j]+(datasom[2*j+1]+(int)rawdata16[2*j+1])/256;
                datasom[2*j+1]=(datasom[2*j+1]+(int)rawdata16[2*j+1])%256;
        }
}


if (numimg==1) // on enregistre la 1ère image en raw
        {
                pFile = fopen ("image16bit.raw","w");
                if (pFile!=NULL)
                {
                        fwrite (datasom ,2*width*height-1,1, pFile);
                        fclose (pFile);
                }
        }


}   // fin de la boucle des acquisitions




// Ecriture du fichier final:
        sprintf(nom,"%s%d.fit",m_prefixe,m_index);
        pFile = fopen (nom,"w+b");
        sprintf(header[3],"NAXIS1 =%21d",width);
        sprintf(header[4],"NAXIS2 =%21d",height);
        sprintf(header[5],"EXPTIME =%21.1f",m_expovalue);
        sprintf(header[6],"COMMENT = '%18s'",m_commentaire);
        time ( &temps );
        timeinfo = localtime ( &temps );
        sprintf(s1,"%s",asctime (timeinfo)) ;

        s3[0]=s1[8];
        s3[1]=s1[9];
        s3[2]=':';
        s3[3]=s1[4];
        s3[4]=s1[5];
        s3[5]=s1[6];
        s3[6]=':';
```

```
        s3[7]=s1[22];
        s3[8]=s1[23];
        s3[9]='\0';
        m_init.Format(" \r\nCHAINE %s \r\n",s1);
        m_control2.Insert(m_control2.GetLength(), m_init);
        m_init.Format("CHAINE %s \r\n",s2);
        m_control2.Insert(m_control2.GetLength(), m_init);
        m_init.Format("CHAINE %s \r\n",s3);
        m_control2.Insert(m_control2.GetLength(), m_init);

        sprintf(header[9],"DATE    = '%-1.9s'       /Date of Observation'",s3);
        timeinfo = localtime ( &temps );

// on remplit les cases "prétraitements" avec les noms de fichiers
        if (strncmp(nom,"dark",2)==0)
        {
                if (strncmp(nom,"dark0",5)==0)
                        m_dark0text=nom;
                if (strncmp(nom,"dark1",5)==0)
                        m_dark1text=nom;
        }
        else
                {m_image1text=nom;}

        sprintf(s1,"%s",asctime (timeinfo)) ;
        memmove(s1,s1+11,8);
        strncpy(s2,s1,8) ;
        s2[8]='\0';
        sprintf(header[10],"UT-START= '%-1.8s'       /UT time of Observation'",s2);

        for (i=0;i<36;i++)
        {
                sprintf(line,"%-80.80s",header[i]);
                fputs (line, pFile);
        }
        for (j=0;j<width*height-1;j++)
        {
                sprintf(pix,"%c%c",datasom[2*j],datasom[2*j+1]);
                fwrite (pix ,1,sizeof(pix), pFile);
        }
```

```
        fclose (pFile);

    //on augmente l'index:
    if (m_sommechoice)
            m_index=m_index+1;
    else
            m_index=m_index+m_nbframes;

    free(rawdata);
    free(datasom);
    free(rawdata16);
  PimMegaStartPreview(imager,"Camera");
    UpdateData(FALSE);
}


void CAstrolinkDlg::OnCloseuptaillebox()
{
    UpdateData (TRUE);
    if (m_taillestring=="1280x1024") {width=1280; height=1024;}
    if (m_taillestring=="640x480") {width=640; height=480;}
    if (m_taillestring=="320x240") {width=320; height=240;}
    Status = PimMegaSetSubWindow( imager,bin,0 ,0 ,width ,height );
    m_init.Format("TAILLE:%d  %d\r\n",width,height);
    m_control2.Insert(m_control2.GetLength(), m_init);
    UpdateData (FALSE);
}
```

12 ANNEXE F

Article soumis à A&A sur l'obtention des images en quadrature de phase avec les instruments SYMPA et DIPP

Four images in quadrature with a new kind of imaging Mach-Zehnder interferometer

C. Jacob[1], M. Conjat[2], J. Gay[3] and F.-X. Schmider[4]

[1] Laboratoire Universitaire d'Astrophysique de Nice, LUAN (UMR 6525), Parc Valrose 06106 NICE FRANCE
e-mail: cjacob@unice.fr
[2] Departement Gemini de l'Observatoire de la Cote d'Azur, Observatoire de Nice, Grande Corniche, Le Mont Gros, BP 4229 06304 Nice Cedex 04 - FRANCE
e-mail: conjat@obs-nice.fr
[3] Departement Gemini de l'Observatoire de la Cote d'Azur, Observatoire de Nice, Grande Corniche, Le Mont Gros, BP 4229 06304 Nice Cedex 04 - FRANCE
e-mail: gay@obs-nice.fr
[4] Laboratoire Universitaire d'Astrophysique de Nice, LUAN (UMR 6525), Parc Valrose 06106 NICE FRANCE
e-mail: schmider@unice.fr

received; accepted

ABSTRACT

The two instruments SYMPA (for Sismomètre Interférentiel Imageur Monobloc à Prismes Accolés) and DIPP (Détecteur Interférométrique Panoramique de Pollution) proposed by the astronomer Jean Gay, include a central part which is playing the role of an interferometer. This central part is a block of prisms with two glasses of different indexes of refraction. Such an instrument, proceeding by amplitude division, is a Mach-Zehnder interferometer. It follows the general rules of Fourier Transform spectroscopy. This kind of instrument produces four images in quadrature of phase, allowing the reconstitution of phase in each point of images through an algorithm of images recombination called "ABCD" algorithm, independently of the signal height. In the case of SYMPA instrument, the phase difference measure between two successive images enables to follow the radial velocity evolution of Jupiter's surface in an image. For the DIPP, the amplitude modulation of fringes allows measuring the concentration of nitrogen dioxide along the line of sight in a landscape image.

The goal of this article is the presentation of the solution in order to obtain four images with 90° in phase difference, on a two waves instrument. This important possibility is used both for the SYMPA and for the DIPP, independently of the different expressions of their optical path difference.

Key words. Interferometry, Imagery, Polarizations, Phase difference; Pollution measurements - Measure of jovian oscillations

1. Introduction

We present here two instruments, SYMPA and DIPP, which are sensed to give four images, of Jupiter or a landscape respectively, in phase quadrature for each pixel in a given zone. Each image is modulated by fringes with a contrast γ that should be approximatively constant in the useful field of observation.

In order to measure phase and amplitude of an interferometric pattern without ambiguity at the outside of a two waves interferometer, at less three out signals correctly separated in phase are needed. We propose here a new proceeding with four output interferometric signals, with a phase difference of approximatively 90°. It

Send offprint requests to:

is possible to obtain this result, in the DIPP instrument (Détecteur Interférométrique Panoramique de Pollution) or in the SYMPA instrument (Sismomètre Interférentiel Imageur Monobloc à Prismes Accolés), an interferometer dedicated to jovian seismology, by relying on phase difference due to reflexion according to polarization.

Such interferometer, with a locked optical path depth difference, avoids complex settings. We present here the monoblock version which has been adopted for the two instruments DIPP and SYMPA, but adaptations over other types of interferometers can be envisaged.

2. Main principles of the SYMPA instrument

The SYMPA interferometer lies on a central element which carries out the separation and the recombination of the beams : a block of four joined prisms, manufactured in two glasses of different indices.

The interferometer, by division of amplitude inside the block of prisms, separates an input beam into two emergent beams dephased of π (as demonstrated later), which are then recombined at the exit of the prism.

It is supposed that the coefficients of the beam splitter between the blocks are 50% in transmission and 50% in reflection. Two exits in opposition of phase are obtained. A Wollaston prism separates then the polarizations of the beams, to obtain, thanks to a difference in phase between polarizations astutely used, as it will be seen in a later section, four images practically in quadrature of phase.

The upper reflective side operates by total reflection, the lower side by metallic reflection, with metallic deposit at the bottom the lower prism.

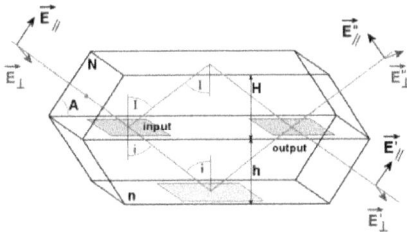

Fig. 1. Details of the block of prisms, two waves monoblock interferometer formed of two prisms joined by their common side (beam splitter). The refraction indexes, dimensions and angles are marked off by capital letters for the top prism and by the lower-case ones for the bottom prism. The upper reflective side operates by total reflection, the lower side by metallic reflection (metallic deposit at the bottom the lower prism).

The incidental beam is obtained after crossing of a convergent lens which produces a parallel beam in entry of the interferometric block. Figure 1, page 2, presents in perspective the two main blocks of the interferometer as well as the notations used.

On the horizontal beam splitter, dephasings occur according to polarization. In a general way, when a wave reflects itself on a lower index surface, it undergoes a phase difference of $+\pi$. Differences also occur between polarizations for the vitreous and metallic reflections.

When the wave is reflected on aluminized surface (metallic reflection), due to the complex indices of aluminium, it undergoes a roughly $+\pi$ phaseshift between the different polarizations for a given incidence. But the essential point here is that the difference of phase difference between polarizations can be in quadrature, just as it will be developed later.

At the output, the Wollaston separates the polarizations parallel and normal to the incidence plane.

We then obtain four images, four interferential informations on the camera for each point of the image of planet.

On the general diagram hereafter, the light, after having crossed the lens, enters by the left. By division of the amplitude, two beams emerge. The top block has an index $N = 1,717056$ (glass $SF64A$), and the bottom block has an index $n = 1,64424$ (glass $F6$), for the wavelength $\lambda = 517nm$ in the vacuum. The indices N and n depend on the wavenumber $\sigma = \frac{1}{\lambda}$, so in the domain of the σ considered, that is to say 19608 to 19120cm^{-1} (or from wavelengths 510 to 523nm), the average values are:

$$N_{mean} = 1,717$$

$$n_{mean} = 1,644$$

Glasses were also selected for their thermal properties, in order to obtain an acceptable thermal compensation. The heights of the prisms are, for the top prism, $H = 24,015mm$, and for the bottom prism: $h = 21,494mm$.

We thus obtain the recombination of the beam at exit of the block of prisms which is carried out ad infinite. The writing of the rays will become explicit in the complete development. Let us retain the principle of the two complementary exits, with a path difference between two beams due to the "central rhombus" visible on the diagram.

2.1. Originality of the process used in the SYMPA and in the DIPP instruments

To obtain four images dephased by 90° on a two waves interferometer, let us examine more precisely the solution suggested by the astronomer Jean Gay, and used at the same time for SYMPA and the DIPP, the Panoramic Interferometric Detector of Pollution. The notations of this section will be indeed recovered later, but it seems interesting to present besides this way to obtain the four exits.

In order to measure without ambiguity the phase and the amplitude of an interferential figure at the exit of a two waves interferometer, it is necessary to have at least three exits with a correct dephasing. We propose here a method using four exits with a dephasing of about 90° each. We reach that point, as with the SYMPA and DIPP instruments, while being based on the differences in dephasings during the reflection along the two polarizations.

Such a process avoids introducing an electromechanical or piezoelectric system which would modulate the phase by variation of the optical path difference or rotation of a polarization analyzer. Such servo controls are used to adjust the path difference in some interferometers. It isn't necessary anymore to hold account neither of vibrations nor of the possible drifts of the modulation systems.

On the figure 1 is presented the monoblock version which was actually adopted for the two instruments referred to above. In what follows, one is interested only in the interferences ad infinite. The corresponding figure represents the coinciding beams, situation which actually occurs for only one incidence of the input beam.

2.2. Calculation relative to phase shift

Let us define the notations more precisely, while referring to a basic diagram which presents the central element of the SYMPA instrument (figure 1).

2.2.1. Notations relating to the diaphragm of input field

One will note (x, y) the coordinates in the diaphragm of input field, with the direction of the x axis in the plan of incidence which is also the plan of the preceding figure. The coordinates (x, y) are visible on the following basic diagram. Here is an outline of the complete interferometer, by considering only the first prism crossed by the light.

2.2.2. Notations relating to the polarizations

One will allocate the units of the index $//$ (which will concern the images (1) and (3)) or $\perp$ (which will concern the images (2) and (4)) according to whether one is interested in the polarization parallel with plan of incidence (thus in the plan of the figure) or that which is perpendicular to this plan. The vector considered is the electric field.

2.2.3. Notations relating to the prisms

The capital letters N for the index of glass, H the height of glass block, and I the angle of incidence (compared to the normal) in the glass, refer to the top prism made

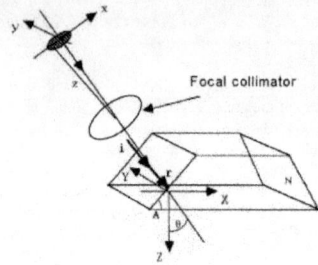

Fig. 2. Block of prisms with precise notations.

of glass SF64A. n, h and i, with respectively the same significances, refer to the bottom prism, made of F6 glass.

2.2.4. Notations relating to the beam splitter

The capital letters R and T will be relative respectively to the coefficients of reflection and transmission for the light intensity, the lower-case letters r and t will relate to the amplitudes, that gives for example:

$R_{//}$ coefficient of reflection for the light intensity for polarization parallel to the plan of incidence.

$r_{\perp}$ coefficient of reflection for the amplitude for polarization perpendicular to the plan of incidence.

One thus introduces the following parameters which describe the complex coefficients of reflection and transmission of the beam splitter that one will be able *in fine* to suppose homogeneous, i.e. identical in entry and exit, according to polarizations parallel and perpendicular to the plan of incidence.

The beam splitter introduces dephasings or phase displacements in reflection (ρ) and in transmission (τ), so we will write with the same index notations to distinguish the entry from the exit and to distinguish the polarizations:

$$r_{//} = \sqrt{R_{//}}.e^{i.\rho_{//}} \tag{1}$$

$$r_{\perp} = \sqrt{R_{\perp}}.e^{i.\rho_{\perp}} \tag{2}$$

$$t_{//} = \sqrt{T_{//}}.e^{i.\tau_{//}} \tag{3}$$

$$t_{\perp} = \sqrt{T_{\perp}}.e^{i.\tau_{\perp}} \tag{4}$$

The small letters are referred to the amplitude of the wave, the capital letters to the intensity transported by the wave and the greek letters to the dephasings introduced by the beam splitter.

These quantities $r_{//}, r_\perp, t_{//}, t_\perp$, are supposed to remain through all calculations, but if the two separating beam splitters have the same behavior, they finally vanish out in the result.

2.2.5. Notations relating to the interferometer mirrors

The reflections on the upper and lower faces of the prism are noted: $\sigma_{//}, \sigma_\perp, s_{//}, s_\perp$. These coefficients are very important for following developments. It was agreed that the total reflection on the "top" mirror would be expressed by the coefficient:

$$\sigma_\perp = 1 \times e^{i.\Delta_\perp} \qquad (5)$$

$$\sigma_{//} = 1 \times e^{i.\Delta_{//}} \qquad (6)$$

because there is no loss of intensity during the total reflection. On the other hand, on the other mirror, that is metallic, the amplitude reflected is given by:

$$s_\perp = \sqrt{S_\perp}.e^{i.\delta_\perp} \qquad (7)$$

$$s_{//} = \sqrt{S_{//}}.e^{i.\delta_{//}} \qquad (8)$$

The intensity reflection coefficient is supposed to be equal to 1, given as the total reflection is lossless. In spite of this approximation, the calculated phase effects remain unchanged. The glass blocks have generally a small but non negligible absorption coefficient along the optical path, so we could introduce later the intensity losses during the glass crossing.

The incidences have been chosen so that they obey to the following important rule:

$$(\delta_{//} - \Delta_{//}) - (\delta_\perp - \Delta_\perp) = -\frac{\pi}{2} + \epsilon \qquad (9)$$

The difference to the exact quadrature, noted ϵ, is a function of the position in the field, as well as the four phase displacements that compose it.

Thus, the expression of the waves at the outside of the prisms, noted $'$ for the waves emerging downward and $''$ for the waves emerging upward, are the following ones:

$$\overrightarrow{E'_{//}} = \overrightarrow{E_{0//}}.\left[r_{//}\sigma_{//}t_{//} + t_{//}s_{//}r_{//}exp(i.\Phi)\right]$$

$$= \overrightarrow{E_{0//}}\times$$

$$\left[\sqrt{R_{//}T_{//}}.exp(i.\left[\rho_{//} + \tau_{//}\right]).\left[exp(i.\Delta_{//}) + exp(i.\left[\delta_{//} + \Phi\right])\right]$$

$$\overrightarrow{E'_\perp} = \overrightarrow{E_{0\perp}}.\left[r_\perp\sigma_\perp t_\perp + t_\perp s_\perp r_\perp exp(i.\Phi)\right]$$

$$= \overrightarrow{E_{0\perp}}\times$$

$$\left[\sqrt{R_\perp T_\perp}.exp(i.\left[\rho_\perp + \tau_\perp\right]).\left[exp(i.\Delta_\perp) + exp(i.\left[\delta_\perp + \Phi\right])\right]\right]$$

$$\overrightarrow{E''_{//}} = \overrightarrow{E_{0//}}.\left[r_{//}\sigma_{//}r_{//} + t_{//}s_{//}t_{//}exp(i.\Phi)\right]$$

$$= \overrightarrow{E_{0//}}\times$$

$$\left[R_{//}exp(i.\left[2\rho_{//} + \Delta_{//}\right]) + T_{//}exp(i.\left[2\tau_{//} + \delta_{//} + \Phi\right])\right]$$

$$\overrightarrow{E''_\perp} = \overrightarrow{E_{0\perp}}.\left[r_\perp\sigma_\perp r_\perp + t_\perp s_\perp t_\perp exp(i.\Phi)\right]$$

$$= \overrightarrow{E_{0\perp}}\times$$

$$\left[R_\perp exp(i.\left[2\rho_\perp + \Delta_\perp\right]) + T_\perp exp(i.\left[2\tau_\perp + \delta_\perp + \Phi\right])\right]$$

Φ is the phase shifting introduced by the length difference of the optical paths in the "central rhombus", and doesn't depend on the polarization in the isotropic glasses.

The square modulus of these expressions gives the transmitted intensities ($I \times \epsilon_0.\overrightarrow{E}^2$). In order to simplify the notations, the incident power is supposed to be unpolarized. Thus, it is distributed into 2 equal contributions, but the description of the process remains unchanged (unless the light is completely polarized along one of the directions, so that the other polarization holds no energy). We introduce here γ the fringes contrast.

$$I'_{//} = \frac{I_0}{2}.2.R_{//}.T_{//}.\left[1 + \gamma.cos(\Phi + \delta_{//} - \Delta_{//})\right] \qquad (10)$$

$$I'_\perp = \frac{I_0}{2}.2.R_\perp.T_\perp.\left[1 + \gamma.cos(\Phi + \delta_\perp - \Delta_\perp)\right] \qquad (11)$$

$$I''_{//} = \frac{I_0}{2}.\left[R_{//}^2 + T_{//}^2 + 2R_{//}T_{//}\right.$$
$$\left. \times \gamma.cos(\Phi + \delta_{//} - \Delta_{//} + 2.(\tau_{//} - \rho_{//}))\right] \qquad (12)$$

$$= \frac{I_0}{2}.\left[[R_{//} - T_{//}]^2 + 2R_{//}T_{//}\right.$$
$$\left. \times \left(1 + \gamma.cos(\Phi + \delta_{//} - \Delta_{//} + 2.[\tau_{//} - \rho_{//}])\right)\right] \qquad (13)$$

$$I''_\perp = \frac{I_0}{2}.\left[R_\perp^2 + T_\perp^2 + 2R_\perp T_\perp\right.$$
$$\left. \times \gamma.cos(\Phi + \delta_\perp - \Delta_\perp + 2.[\tau_\perp - \rho_\perp])\right] \qquad (14)$$

$$= \frac{I_0}{2}.[[R_\perp - T_\perp]^2 + 2R_\perp T_\perp$$
$$\times (1 + \gamma.cos(\Phi + \delta_\perp - \Delta_\perp + 2.[\tau_\perp - \rho_\perp]))] \qquad (15)$$

For a beam splitter with no absorption, the energy preservation impose that the interferences are in opposition along the two exits. This leads to the following relations, between the phase displacements introduced by the beam splitter:

$$\tau_{//} - \rho_{//} = \frac{\pi}{2} + k_{//}\pi \qquad (16)$$

$$\tau_\perp - \rho_\perp = \frac{\pi}{2} + k_\perp\pi \qquad (17)$$

$k_{//}$ and $k_\perp$ are two integers, possibly different.

We then introduce the global phase $\Theta = \phi + \delta_{//} - \Delta_{//}$, that permits to write the different contributions:

$$I'_{//} = \frac{I_0}{2}.2.R_{//}.T_{//}.[1 + \gamma.cos(\Theta)] \qquad (18)$$

$$I''_{//} = \frac{I_0}{2}.[[R_{//} - T_{//}]^2 + 2R_{//}T_{//}(1 - \gamma.cos(\Theta))] \qquad (19)$$

$$I'_\perp = \frac{I_0}{2}.2.R_\perp.T_\perp$$
$$\times [1 + \gamma.cos(\Theta + \delta_\perp - \Delta_\perp - \delta_{//} + \Delta_{//})] \qquad (20)$$

$$I''_\perp = \frac{I_0}{2}.[[R_\perp - T_\perp]^2 + 2R_\perp T_\perp$$
$$\times (1 - \gamma.cos(\Theta + \delta_\perp - \Delta_\perp - \delta_{//} + \Delta_{//}))] \qquad (21)$$

We can verify here that $I'_{//}$ and $I''_{//}$ are in opposition of phase, as predicted, just as $I'_\perp$ and $I''_\perp$.

The incidence angles can be adjusted so that the differences of phase shift on the reflecting sides of the interferometer verify: $\theta = \delta_\perp - \Delta_\perp - \delta_{//} + \Delta_{//} \cong -\frac{\pi}{2}$. By separating the polarizations with a Wollaston along the two exits, we can obtain four interference states shifted of 90°. Let's suppose we have:

$$\theta = -\frac{\pi}{2} + \epsilon$$

where ϵ is a small variation from exact quadrature (even if there is exact quadrature for a direction of the radiation, it cannot be the same for all the incidences, but the variation remains always small).

Actually, a thorough study resting on the laws of the electromagnetism of the material mediums enables us to deduce the value of this angle θ according to the

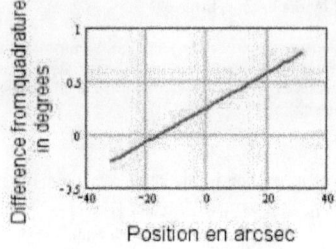

Fig. 3. Curve of additional phase in degree, for SYMPA, in function of the position in arcsec on the sky in reference to the incident direction

position in the field. The result, quite simple, is the curve presented on the following figure (3).

Additional difference of phase is occuring for perpendicular polarizations at metallic reflection on aluminium deposit, and must be taken in account in the total phase image. It depends on the position of the pixel. Exactly as for the optical path difference, this additional difference of phase can be expressed as a function of the angles α and β.

We have to introduce complex indexes : $m + j.q$ for the metallic reflection, and $M + j.Q$ for the total reflection, with $j^2 = -1$. For the total reflection, $Q = 0$ et $M = 1$.

By interpolating given data for aluminium, we obtain : $m = 0,755333$ and $q = 5,732296$. Metallic reflection occurs in the n index medium.
With the same notations we used before, let's define the quantities:

$$z = \frac{(m + j.q)}{n.sin(i)}; Z = \frac{(M + j.Q)}{(N.sin(I))}$$

and then:

$$z_2 = \sqrt{(1 - z^2)}; Z_2 = \sqrt{(1 - Z^2)}$$

so:

$$z_3 = \frac{(z_2 - j.tan(i))}{(z_2 + j.tan(i))}; Z_3 = \frac{(ZZ - j.tan(I))}{(ZZ + j.tan(I))}$$

Then, the phase expression is:

$$\varphi_{arg} = arg(z_3); \phi_{arg} = arg(Z_3)$$

and the phase difference we are looking for is:

$$f_{az} = \varphi_{arg} - \phi_{arg}$$

Coefficients are numerically calculated for a relation in α at first and third order only, with σ_0 the central wavenumber. We then obtain the figure relative to the additional phase.

From the same considerations, we can have an exploration of comportment of this additional phase with the wavelength and also with the incidence angle. We can proceed calculations of the additional phase for SYMPA in function of the wavelength and in function of the incidence angle I in the glass.

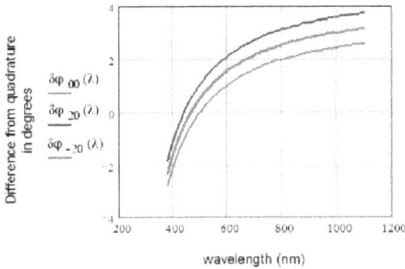

Fig. 4. Curve of additional phase in degree, for SYMPA, in function of the position in arcsec on the sky in reference to the incident direction

x, y are the positions in the telescope focal plane expressed in mm. ΔI, in degrees, is the difference between the incidence angle of the beam emerging from (x, y) coordinates point in the field and the corresponding incidence at the field center.

We can then write in a completely explicit way the four emerging intensities:

$$I'_{//} = [I_0 R_{//} T_{//}] + [I_0 R_{//} T_{//} \gamma . cos(\Theta)] \tag{22}$$

$$I''_{//} = \left[\frac{R^2_{//} + T^2_{//}}{2} I_0 \right] - [R_{//} T_{//} I_0 \gamma . cos(\Theta)] \tag{23}$$

$$I'_{\perp} = [I_0 R_{\perp} T_{\perp}] + [I_0 R_{\perp} T_{\perp} \gamma . sin(\Theta + \epsilon)] \tag{24}$$

$$I''_{\perp} = \left[\frac{R^2_{\perp} + T^2_{\perp}}{2} I_0 \right] - [R_{\perp} T_{\perp} I_0 \gamma . sin(\Theta + \epsilon)] \tag{25}$$

If the beam splitter is well balanced for the two polarizations and the defect of quadrature is null, this allows a precise measurement of the phase. If it is not thus, the precise measurement of the phase requires

another development. We suppose that the two factors R and T are equivalent to 50% for the two polarizations for the two beam splitters. This is possible thanks to a hybrid treatment of the two beam splitters for the two types of polarisations, even with important incidence.

We will further see how to obtain the quadrature and how to hold account of the variation with quadrature in the obtained images. It remains to examine more finely certain aspects of the instrument. We finally obtain:

$$I'_{//} \cong \frac{I_0}{4} [1 + \gamma . cos(\Theta)] \tag{26}$$

$$I''_{//} \cong \frac{I_0}{4} [1 - \gamma . cos(\Theta)] \tag{27}$$

$$I'_{\perp} \cong \frac{I_0}{4} [1 + \gamma . sin(\Theta)] \tag{28}$$

$$I''_{\perp} \cong \frac{I_0}{4} [1 - \gamma . sin(\Theta)] \tag{29}$$

These relations are obtained here for complete images, in fact for all the usefull portion of the images obtained of a landscape with DIPP and of Jupiter with SYMPA.

2.2.6. Fringe pattern with SYMPA

Absorptions in glasses will be included in the input/output optical transmissions when they are common to the two waves which interfere.

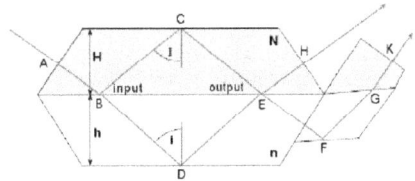

Fig. 5. Block of prisms with the notations used hereafter. The two output prisms are used to bring the four beams up to the same camera and to correct a chromatic effect.

Thus the absorption of glass between A and B, between E and H, or along EFGK will be inserted in the transmission of input optics, for AB, and those of output for the two others. The notations used thereafter are thus those of the figure 5 for the prism.

Let us consider only the effects of the transmissions in BCE, noted μ and in BDE, noted ν for the light intensities. The effects of phase $\varphi_{(ddm)}$, induced by the path difference between these ways act only by their difference:

$$\varphi_{(ddm)}(\sigma) = 2\pi\sigma\Delta \tag{30}$$

with:

$$\Delta(\sigma) = N(\sigma).(BC+CE)+N(\sigma).EH'-n(\sigma).(BD+DE')$$

where E' is not identical to E (it would be true for a single incidence, that for which the drawing was established), and thus it is necessary to hold account in calculations thereafter of $N.(EH')$, where H' is the projection of E' on the optical path (EH'), like shown in the following figure, enlargement of the preceding figure in the vicinity of point E.

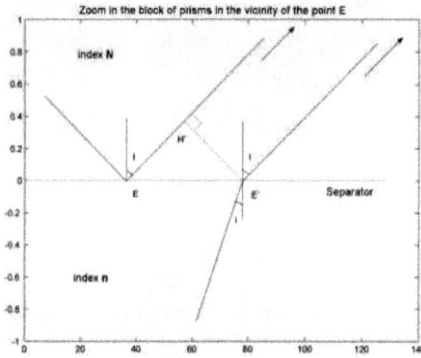

Fig. 6. Block of prisms with precise notations.

That finally leads to the very important and surprisingly symmetric expression of the path difference in the SYMPA instrument:

$$\Delta(\sigma) = 2.N(\sigma).H.cos(I) - 2.n(\sigma).h.cos(i(\sigma)) \qquad (31)$$

In the case of the SYMPA instrument, this expression gives exactly a function of the position (x, y) in the image obtained with the camera. As shown in the PhD report of Cedric Jacob, we can proceed to the complete calculus of the optical depth path difference for SYMPA with account of (x, y) or associated angles (α, β) as incidence angles, the two indices N and n and an instrumental angle θ, the opening angle at the top of the first prism. We keep the notations according to the angles (I, i), because they are only related to the prisms themselves.

The temperature dependency of the different terms should be studied, but is quite useless.

For SYMPA instrument, we can see a stationary point for the optical path depth. We can describe it by a second degree function, with a minimum located in the observation field. We choosed an optical path

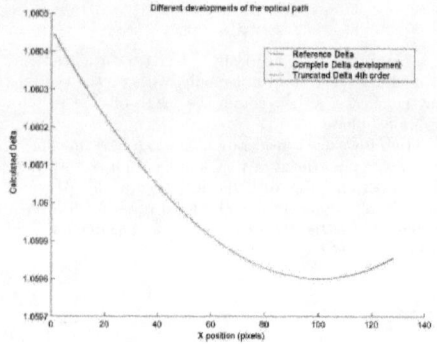

Fig. 7. Diagram of optical depth path difference in the field of the camera. Graduations in ordinate, from $1,06cm$ to $1,0601cm$ are corresponding to $1\mu m$

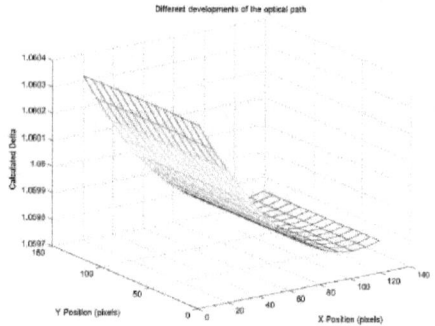

Fig. 8. Map in two dimensions of the optical path difference with respect to the positions x et y (pixels) on the camera.

depth optimized for the sensibility to velocity in the right wavenumber interval. This optical path depth is centered on $1,06$ cm. Obtaining ten fringes in the useful field is a good compromise to ensure a correct sampling of the fringe signal on several pixels, in particular where fringes are squeezed. We could imagine a possible adjustment of the incidence angle giving a null additional term of phase due to metallic reflection in the center of the field and simultaneously a minimum of the optical path depth. Here we just describe how the real SYMPA instrument works. We present here maps and data relative to the instrument we built for the observations of Jupiter planet.

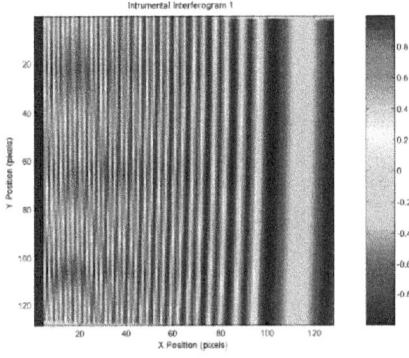

Fig. 9. Theoretical instrumental interferogram on the camera.

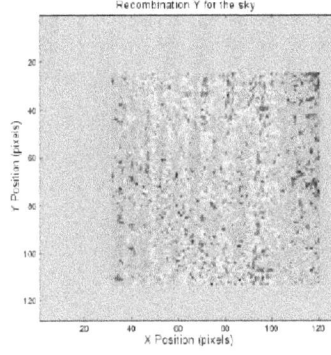

Fig. 11. Recombination of images of sky - Y component.

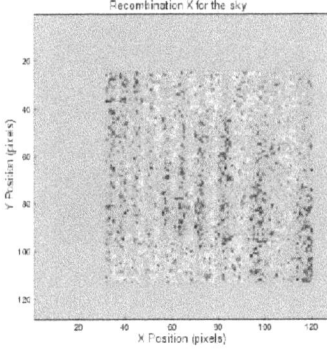

Fig. 10. Recombination of images of sky - X component.

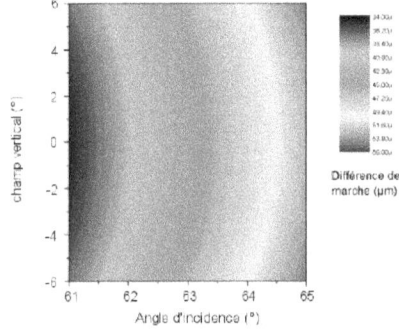

Fig. 12. Map of the optical path difference for DIPP with respect to the positions x et y (pixels) on the camera.

We can have a look at the fringed systems obtained with SYMPA and with DIPP.

First we present the theoretical instrumental interferogram on the camera, in two dimensions (x, y) an in one dimension (in x). This interferogram has been obtained with the optical path difference with respect to the positions on the camera and also by an integration over usefull frequencies of the solar spectrum through the interferential filter centered at wavelength $517nm$. We search the complex expression of interferogram, here called Υ, with $S(\sigma)$ the target spectrum (we don't take in account the additionnal phase) and Δ the optical path difference:

$$\Upsilon(\Delta) = \int_\sigma S(\sigma).e^{-i.2\pi\sigma\Delta(\sigma)}.d\sigma$$

The resulting interferogram, in real part of $\Upsilon(\Delta)$, is :

$$J(\Delta) = Re[\Upsilon(\Delta)] = Re\left[\int_\sigma S(\sigma).e^{-i.2\pi\sigma\Delta(\sigma)}.d\sigma\right]$$

Then we can show observed interferogram with the instrument by integration of solar light, more exactly recombinations of images of sky for different components. If we call the images, for the discrete coordinates l and k from 1 to 128, from the equations (26, 27, 28 and 29) we previously obtained, with here a designative number:

$$I_1(l,k) = I'_{//} \cong \frac{I_0}{4}\left[1 + \gamma.cos(\Theta)\right] \tag{32}$$

$$I_2(l,k) = I'_\perp \cong \frac{I_0}{4}\left[1 + \gamma.sin(\Theta)\right] \tag{33}$$

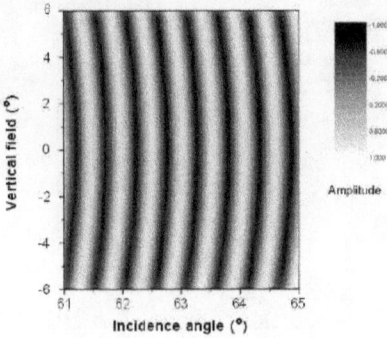

Fig. 13. Simulated fringes obtained with DIPP with a first generation camera (small field).

$$I_3(l,k) = I''_{//} \cong \frac{I_0}{4}\left[1 - \gamma.cos(\Theta)\right] \tag{34}$$

$$I_4(l,k) = I''_{\perp} \cong \frac{I_0}{4}\left[1 - \gamma.sin(\Theta)\right] \tag{35}$$

We experimentally verify simply the correct opposition of phase between I_1 and I_3 and also between I_2 and I_4 by adding the images and verifying the perfect loss of fringes.

This kind of interferogram is essential in order to take in account the instrumental phase variation in the usefull fields of the image.

After a basic treatment of correction of photometric gain of the target, and a crucial correction of geometrical distortions from the optics that will be explained in an other paper, we finally obtain for sky images as well as for jovian images, four "sub-images" called I_1, I_2, I_3, and I_4 which are sensed to be composed one with the others. We finally form, just as for the two following images:

$$X = \frac{I_1 - I_3}{I_1 + I_3} \sim \gamma.cos(\Theta)$$

$$Y = \frac{I_2 - I_4}{I_2 + I_4} \sim \gamma.sin(\Theta)$$

The fringe pattern obtained with X and Y over the jovian disk is a result of combination of the variation of optical path depth in the image field just as we talk about before, and of the radial velocity profile of rotation of Jupiter, as it is shown in figure, with the jovian rotation axis. By combination of images we thus obtain the bending fringe pattern.

By reduction with instrumental phase variation in the image field (see figure 11), we get an image of jovian disk with sort of "fringes" - we call them "isospeed fringes"

Fig. 14. Fringed lanscape obtained with DIPP as seen from the Observatory of Nice, in the direction of the Cote d'Azur Airport and the Var plain (car traffic lane). A polluted zone can be observed just above the horizon where the contrast of fringes is higher.

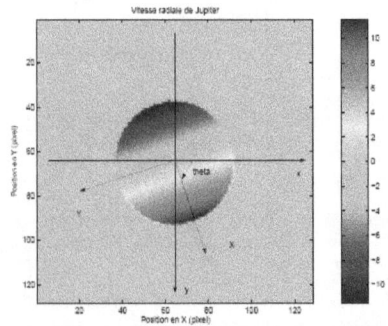

Fig. 15. Orientation of radial velocity over Jupiter disk.

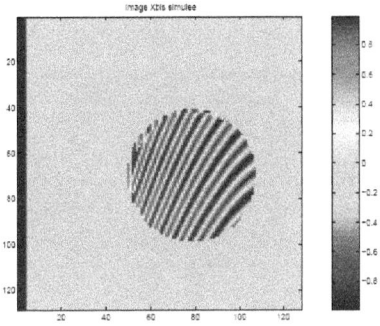

Fig. 16. Simulated fringes obtained with SYMPA on the jovian disk.

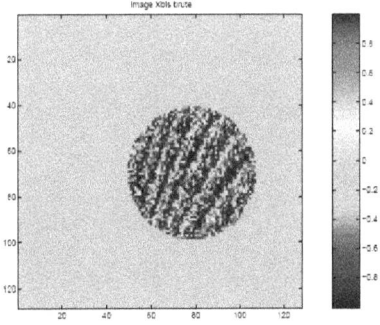

Image Xbis brute

Fig. 17. Real fringes with SYMPA on the jovian disk, obtained after corrections of geometrical distortions and correction of photometric gain.

- related to the sensibility to the radial velocity of the instrument, that is about $1 rad/(km/s)$. So the obtained pattern is directly a representation of the radial velocity over the jovian disk.

By correction of synthetic velocity of rotation of Jupiter to the first order (see figure 2), we then obtain a phase map we can use to search the jovian oscillations. In fact, we can see the problem at three different levels, under the effect of radial velocity : the Doppler shift of a spectral line, the contraction of the obtained interferogram through the SYMPA instrument, and finally the phase map.

2.2.7. Fringe pattern with DIPP

The geometry of the DIPP block of prisms is quite identical to the SYMPA instrument, the only difference is that the index of the two opposite parts is the same. The optical path difference is then induced by the difference in thickness of the two blocks. This leads to the following expression of the path difference:

$$\Delta = 2n(H - h).cos(i)$$

According to the spectrum lines of NO_2, and taking into account the spectral profile of the filter, centered at $23000 cm^{-1}$, the interferogram presents a maximum for an optical path difference of $45 \mu m$. So the DIPP block of prism has been design in order to obtain this difference at the exit face.

To obtain a correct sampling of the pollution contribution over the field of view, it is worth having about ten fringes along the image. The expression of the field of view is :

$$F = M d\theta$$

where M is the number of fringes along the transversal axis (horizon), and $d\theta$ is the interfringe.

Let's calculate $d\theta$:

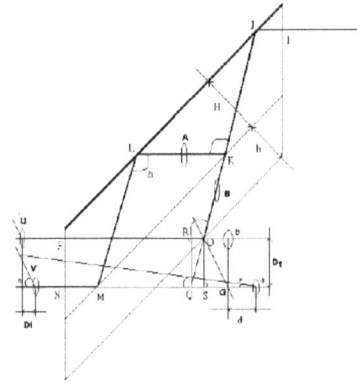

Fig. 18. Shifts of the pupils inside the DIPP.

Dt is the transversal shift of the beams at the exit face. Dt is also noted $[RQ]$ on the figure 18.

$$Dt = 2(H - h).sin(i) = \Delta \frac{tan(i)}{n}$$

Let's calculate the longitudinal shift of the image of the pupils. If we suppose that the image of the pupils are formed in A and B, their image in the glass are a and b. The projection d of the segment ab on the emerging ray QN is equal to $GQ = 2(H - h)cos(i) = d$. As the beams emergent in the air, the image of the pupils are then separated by

$$Dt = \frac{d}{n} = 2(H - h).\frac{cos(i)}{n} = \frac{\Delta}{n}$$

The vector $\overrightarrow{ab}$ has an inclination of i relative to the main direction. The delay observed in the air becomes:

$$\delta = n(ab.cos(i-r)) = n.\frac{d}{cos(i)}.(cos(i).cos(r) + sin(i).sin(r))$$

$$\delta(\theta) = \Delta.\left[\sqrt{1 - \frac{sin^2(\theta)}{n^2}} + sin(i)\frac{sin(\theta)}{n}\right]$$

for small angles :

$$\delta(\theta) \sim \Delta\left[1 + \frac{tan(i)}{n}\theta\right]$$

The interfringe at the vicinity of the center of the field is then:

$$d\theta = \frac{n\lambda}{tan(i)\Delta}$$

So the acceptable field of the instrument is:

$$C = \frac{n}{N.tan(i)}$$

where N is the number of lines regularly distributed in the chosen spectral interval.

Let us give then an expression of the 4 images of the DIPP. As for the SYMPA instrument, the DIPP has two exits that permit to obtain two complementary interferograms. Both of them are divided into two perpendicular polarizations. The values of the intensity of the four corresponding pixels lead us to the quantity of polluting molecules along the line of sight. The two exits of the block of prisms are:

$$I_+(\Delta) = 2RT \int S(\Delta)(1 + cos(2\pi\sigma\Delta)d\sigma$$

and

$$I_-(\Delta) = 2RT \int S(\Delta)(1 - cos(2\pi\sigma\Delta)d\sigma + (R-T)^2 \int S(\sigma)d\sigma$$

If we consider that the reflection and transmission coefficients of the beam splitter are the same (and are equal to 1/2), then:

$$I_+(\Delta) = \int S(\Delta)(1 + cos(2\pi\sigma\Delta))d\sigma$$

and

$$I_-(\Delta) = \int S(\Delta)(1 - cos(2\pi\sigma\Delta))d\sigma$$

The metallic reflexion of the light introduces a dephasing φ_m, and the total reflection induces a dephasing φ_t. After the beam splitting, and for a path difference Δ_0, we obtain the final interferogram, composed of the four values:

$$I_a = C + A.cos(2\pi\sigma_0\Delta_0 + \varphi_{//m} - \varphi_{//t})$$

$$I_b = C - A.cos(2\pi\sigma_0\Delta_0 + \varphi_{//m} - \varphi_{//t})$$

$$I_c = C + A.cos(2\pi\sigma_0\Delta_0 + \varphi_{\perp m} - \varphi_{\perp t})$$

$$I_d = C - A.cos(2\pi\sigma_0\Delta_0 + \varphi_{\perp m} - \varphi_{\perp t})$$

C represents the continuum for the path difference Δ_0. Let's introduce the following notations:

$$\phi = 2\pi\sigma_0\Delta_0 + \varphi_{//m} - \varphi_{//t}$$

$$\theta = (\varphi_{\perp m} - \varphi_{\perp t}) - (\varphi_{//m} - \varphi_{//t})$$

These dephasings are known, because they depend only on the glass index, the incidence angle and the complex index of the metallic deposit. We have the possibility to set $\theta \sim \frac{\pi}{2}$. Thus the four values of the interferogram are:

$$I_a = C + A.cos(\phi)$$

$$I_b = C - A.cos(\phi)$$

$$I_c = C + A.cos(\phi + \theta)$$

$$I_d = C - A.cos(\phi + \theta)$$

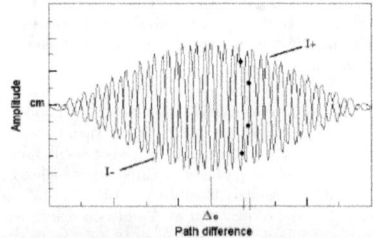

Fig. 19. Extraction of the four polarisations.

The sum of two images in opposition give exactly a fringe free image, showing that the reflexion and transmission coefficients of the DIPP are exactly equal to $\frac{1}{2}$.

This system can be solved as shown:

$$I_a - I_b = 2A\cos(\phi)$$

$$I_c - I_d = 2A\cos(\phi+\theta) = 2A.(\cos(\phi)\cos(\theta) - \sin(\phi)\sin(\theta))$$

$$2A = \frac{\sqrt{(I_a - I_b)^2 + (I_c - I_d)^2 - ((I_a - I_b).(I_c - I_d)).\cos(\theta)}}{\sin(\theta)}$$

$$2A \sim \sqrt{(I_a - I_b)^2 + (I_c - I_d)^2}$$

Given as A is proportional to the molecules concentration, we obtain the number of molecule along the line of sight.

Fig. 20. Crop of the image Ia-Ib

The finest details at the bottom of the image correspond to the most contrasted zones, such as houses and buildings, that are not perfectly corrected by the geometrical transformations of the images. This is due to the two cameras of the DIPP, whose lenses may be slightly different, with focalisation defects, for example. The four images are recorded one after the other, so some differential effects can appear. A prototype of the DIPP with one camera is being studied to avoid these problems.

Acknowledgements. The authors wish to thank very much M. Francois JEANNEAUX, Jean-Louis SCHNEIDER, Yves BRESSON for their help for the achievement of the first SYMPA prototype and the hand they give for DIPP improvements.

References

G. Fortunato. **Application de la corrélation interférentielle de spectres à la détection des polluants atmosphériques.** J Opt 9(5): 281-290, 1987.

Maillard, J-P., **Seismology with a Fourier-transform spectrometer : application to giant planets and stars.** *Applied Optics,* **35**, 2734-2746, 1996.

Maillard, J-P., **Astronomical Fourier-Transform spectrometry of the 1990s,** *Mikrochim. Acta. S.,* **14**, 133-141, 1997.

Mosser, B., Mekarnia, D, Maillard, J-P., Gay, J., Gautier, D., Delache, P., **Seismological observations with a Fourier Transform spectrometer : detection of Jovian oscillations.** *Astronomy and Astrophysics,* **267**, 604-622, 1993.

Mosser, B., Maillard, J-P., Mekarnia, D, Gay, J., **New limit on the p-mode oscillations of Procyon obtained by Fourier Transform seismometry,** *Astronomy and Astrophysics,* **340**, 457-462, 1998.

Mosser, B., **Sismologie Jovienne,** *Mémoire pour l'obtention de l'habilitation à encadrer les recherches,* 13 janvier 2000.

Mosser, B., Maillard. J-P., Bouchy, F., **Photon Noise-limited Doppler Asteroseismology with a Fourier Transform Seismometer. I. Fundamental Performances,** *Publications of the Astronomical Journal of the Pacific,* **115**, 990-1001, 2003.

Naylor, David A.; Gom, Bradley G.; Schofield, Ian; Tompkins, Gregory; Davis, Gary R., **Mach-Zehnder Fourier transform spectrometer for astronomical spectroscopy at submillimeter wavelengths.** *SPIE, Millimeter and Submillimeter Detectors for Astronomy. Edited by Phillips, Thomas G.; Zmuidzinas, Jonas. Proceedings of the SPIE.* **Volume 4855.** pp. 540-551, 2003.

Jacob, C., Schmider F.-X., Gay, J., **SYMPA : an instrument dedicated to Jovian Seismology,** *SF2A, 2002 : Semaine de l'Astrophysique Francaise (F. Combes, and D. Barret Eds.), EdP-Sciences Conference Series, Les Ulis,* 611, 2002.

BIBLIOGRAPHIE

[1] Académie des Sciences, Ozone et propriétés oxydantes de la troposphère, Essai d'évaluation scientifique. *Rapport n°30*. Institut de France, Octobre 1993

[2] Agence Française de Sécurité Sanitaire Environnementale, Impact sanitaire de la pollution atmosphérique. *Rapport 1*, Mai 2004

[3] Allen's Astrophysical Quantities. New York : AIP Press, Springer 2000. Edited by Arthur N. Cox

[4] ARPINO P. *et al*, Manuel pratique de la chromatographie en phase gazeuse. *Ed. Masson*, Paris, 1995

[5] BARTHE C., Etude de l'activité électrique des systèmes orageux à l'aide du modèle Méso-NH. Thèse de doctorat, *Université Paul Sabatier*, 23 septembre 2005

[6] BEIRLE S., PLATT U., WAGNER T. – Global air pollution map produced by Envisat's Sciamachy Instrument. *Université de Heidelberg*, 2004

[7] BRASSEUR G., Physique et chimie de l'atmosphère moyenne. *Ed. Masson*, Paris, 1982

[8] Iris, logiciel de traitement et d'acquisition d'images - http://www.astrosurf.com/buil/iris/iris.htm

[9] EULINOX (European Lightning Nitrogen Oxides Project) Contract No. ENV4-CT97-0409 Annual Report 1998

[10] CITEPA – Centre Interprofessionnel Technique d'Etudes de la Pollution Atmosphérique

[11] Conseil de l'Union Européenne – Directive 96/61/CE relative à la prévention et à la réduction intégrées de la pollution, 24 septembre 1996

[12] Conseil de l'Union Européenne – Décret 91-1122 relatif à la qualité de l'air, 25 octobre 1991

[13] Décret ministériel du 17 août 1998 relatif aux seuils de recommandation et aux conditions de déclenchement de la procédure d'alerte. *Journal Officiel*, 18 août 1998

[14] Décret ministériel n° 98-360 du 6 mai 1998 relatif à la surveillance de la qualité de l'air et de ses effets sur la santé et l'environnement. *Journal Officiel*, 13 mai 1998

[15] DERVAUX S., Etude et réalisation d'un détecteur Interférentiel Panoramique de Pollution. Thèse de doctorat, *Université de Nice-Spophia-Antipolis*, 6 mai 2002

[16] DRIRE – Plan régional pour la qualité de l'air – Provence-Alpes-Côte d'Azur - 1999/2000

[17] FORTUNATO G., Application of interferential correlation of spectrum to the detection of atmospheric pollutants. *J. Opt.*, 9(5) 281-290, 1978

[18] FRASER A., GOUTAIL F., MCLINDEN C. A., MELO S. M. L., STRONG K., Lightning-produced NO_2 observed by two ground-based UV-visible spectrometers at Vanscoy, Saskatchewan in August 2004, *Atmos. Chem. Phys. Discuss.*, 6, 10063-10086, 2006

[19] HOLLAS J.M., Modern Spectroscopy. *John Wiley and sons*, 1987

[20] JACOB, C., SCHMIDER F.-X., GAY, J., SYMPA : an instrument dedicated to Jovian Seismology, *SF2A, 2002 : Semaine de l'Astrophysique Française (F. Combes, D. Barret Eds.), EdP-Sciences Conference Series, Les Ulis*, 611, 2002.

[21] Manchester Metropolitan University

http://www.ace.mmu.ac.uk/eae/french/Air_Quality/Older/Great_London_Smog.html

[22] MARECHAL A., FORTUNATO G., Interferential detection of small gaseous molecules. A simple, sensitive and resolving methode. *Analysis*, 16(6): 313-316, 1998

[23] PRUNET S., JOURNET B., FORTUNATO G., Exact calculation of the optical path difference and description of a new birefringent interferometer. *Optical engineering*, 38(6): 983-990, 1990

[24] PLATT U., Differential Optical Absorption Spectroscopy (DOAS). *Chem. Anal. Series*, 127, 27-83, 1994

[25] SCHREIER H., BRAASCH R., SUTTON M., Systematic errors in digital image correlation caused by intensity interpolation. *Optical Engineering*, 39, 11: 2915-2921, 2000

[26] VANDAELE A.C., HERMANS C., SIMON P.C. *et al*, Measurements of the NO_2 absorption cross-section form 42000 cm^{-1} to 10000 cm^{-1} (238-1100nm) at 220K and 294K. *Journal of quantitative spectroscopy and radiative transfer*, 59, 3-5: 171-184, 1998

[27] VANDAELE A.C., HERMANS C., SIMON P.C., VAN ROOZENDAEL M, Fourier transform measurement of NO_2 absorption cross-section in the visible range at room temperature. *Journal of atmospheric chemistry*, 25: 289-305, 1996

[28] VEIZER J., et al., $^{87}Sr/^{86}Sr$, $\delta^{13}C$ and $\delta^{18}O$ evolution of Phanerozoic seawater. *Chemical Geology*, Amsterdam, vol. 161, p. 59-88, 1999

[29] VENKATACHALAM R., Simulation of a low vision enhancement system using multiple cameras and display, PhD Thesis. *University of Waterloo*, Ontario, Canada, 2003

[30] ESTOCQ P., Une approche méthodologique numérique et expérimentale d'aide à la détection et au suivi vibratoire de défauts d'écaillage de roulements à billes. Thèse de doctorat, *Université de Reims*, 2004

[31] Etude de la pollution atmosphérique transfrontalière. EPAT2000, *Ecole Polytechnique de Lausanne*, Novembre 2000

[32] EL-NADI, L. et al.,Two Photon Absorption Cross-Section Of New Fluophore Compounds. First International Conference on Modern Trends in Physics Research. *AIP Conference Proceedings*, 748, 249-255, 2005

[33] Temperature Dependent Absorption Cross-Sections of O_3 and NO_2 in the 240 - 790 nm range determined by using the GOME-2 Satellite Spectrometers for use in Remote Sensing Applications. Dissertation zur Erlangung des akademischen Grades eines Doktors der Naturwissenschaften (Dr. rer. nat.) am Fachbereich Physik der Universitat Bremen

[34] WEST P., GAEKE G.C., Fixation of Sulfur Dioxide as Disulfitomercurate (II) and Subsequent Colorimetric Estimation, *Anal. Chem.*, 28 :1816-19, 1956

[35] RAUHUT, M.M., Chemiluminescence. *Kirk-Othmer Concise Encyclopedia of Chemical Technology* (3rd ed), pp 247, In Grayson, Martin (Ed), 1985

[36] LAKOWICZ, J.R., Principles of Fluorescence Spectroscopy, *Plenum Press, New York.* ISBN 0-387-31278-1, 1983

[37] MANATT S.L., LANE, A.L., A compilation of the absorption cross sections of SO_2 from 106 to 403 nm, *J. Quant. Spectrosc. Radiat. Transfer* 50, 267-276, 1993

[38] VANDAELE A.C., SIMON P.C., GUILMOT M., CARLEER M., COLIN R., SO_2 absorption cross section measurement in the UV using a Fourier transform spectrometer, *J. Geophys. Res.* 99, 25599-25605, 1994

Table des figures

Résumé:

Le travail présenté dans cette thèse décrit le développement d'un nouvel instrument imageur, le Détecteur Interférométrique Panoramique de Pollution (DIPP). Cet instrument, dérivé du sismomètre jovien « SYMPA », a été conçu comme un détecteur robuste et compact, afin d'offrir aux collectivités un moyen simple de surveillance de la pollution atmosphérique. Les quatre images en quadrature de phase données par le DIPP sont combinées pour déterminer en chaque point du champ la valeur de la concentration en polluant. Conçu initialement pour mesurer la concentration de dioxyde d'azote le long d'une ligne de visée, d'après la méthode de spectrométrie par transformée de Fourier, des études ont été réalisées afin de déterminer si le DIPP pouvait observer d'autres polluants principaux. Nous avons pu constater durant ce travail l'extrême précision requise pour les optiques du bloc de prismes et l'adaptation critique du filtre d'entrée afin d'obtenir des franges d'interférences bien mesurables. La grande sélectivité du filtre d'entrée (lumière visible, à 440 nm) atténue également le signal, lui-même séparé en quatre images polarisées. D'autres difficultés, comme un défaut structurel du filtre d'entrée générant des franges parasites, peuvent être atténués au prix de manipulations supplémentaires. Nous avons donc orienté nos efforts vers une meilleure correction des distorsions géométriques induites par les éléments optiques du DIPP. L'écriture d'un logiciel d'acquisition et de traitement des images a également permis d'augmenter la rapidité de la réduction des mesures.

Mots clés : dioxyde d'azote, dioxyde de soufre, distorsions géométriques, interférométrie, polarisation, polluants atmosphériques, spectrométrie par transformée de Fourier, traitement d'images.

Abstract :

This thesis describes the development of a new instrument, the Détecteur Interférométrique Panoramique de Pollution (DIPP). This instrument, derived from the jovian seismometer "SYMPA", was designed as sa robust and compact detector, in order to provide a simple way of monitoring the air pollution. The four images in quadrature of phase given by the DIPP are combined to determine at each point of the field of view the concentration of pollution. First conceived to measure the nitrogen dioxide concentration along a line of sight, according to the Fourier Transform Spectrometry method, studies were carried out in order to determine if the DIPP could observe other main pollutants. We could note during this work the extreme precision required for optics manufacturing and the critical adaptation of the entry filter in order to obtain measurable interference fringes. The high selectivity of the entry filter (visible light, at 440 nm) also attenuates the signal, separated into four polarized images. Other difficulties, like a structural defect of the entry filter generating parasitic fringes, can be attenuated by additional calibration operations. We thus directed our efforts towards a better correction of the geometrical distortions induced by the optical elements of the DIPP. The development of an acquisition and image processing software also made it possible to increase the speed of the measurements reduction.

Keywords: nitrogen dioxide, sulphur dioxide, geometrical distortions, interferometry, polarization, atmospheric pollutants, Fourier transform spectrometry, image processing.

www.ingramcontent.com/pod-product-compliance
Lightning Source LLC
Chambersburg PA
CBHW021050210326
41598CB00016B/1161